心力

邓亚萍 著

中国人民大学出版社
·北　京·

图书在版编目（CIP）数据

心力 / 邓亚萍著. -- 北京 ：中国人民大学出版社，2021.9
ISBN 978-7-300-29627-2

Ⅰ. ①心… Ⅱ. ①邓… Ⅲ. ①心理学－通俗读物 Ⅳ. ① B84-49

中国版本图书馆 CIP 数据核字（2021）第 140058 号

心　力

邓亚萍　著

Xinli

出版发行	中国人民大学出版社		
社　　址	北京中关村大街 31 号	邮政编码	100080
电　　话	010－62511242（总编室）		010－62511770（质管部）
	010－82501766（邮购部）		010－62514148（门市部）
	010－62515195（发行公司）		010－62515275（盗版举报）
网　　址	http://www.crup.com.cn		
经　　销	新华书店		
印　　刷	北京联兴盛业印刷股份有限公司		
开　　本	890 mm × 1240 mm　1/32	版　　次	2021 年 9 月第 1 版
印　　张	8.625 插页 2	印　　次	2025 年 11 月第 25 次印刷
字　　数	106 000	定　　价	59.00 元

推荐

陈　薇

中国工程院院士

成功从来不是偶然的，长期的积极准备和目标明确的刻意练习可以改造自己，去获得看起来了不起的能力。亚萍这本书讲清楚两件事：心态、心理素质是能力的重要组成部分，能决定人的表现水准；“心力”不是只可意会的艺术，而是每个人都能通过积极努力锤炼出的素质。

董明珠

珠海格力电器股份有限公司董事长兼总裁

在当下快速变化的时代，我们的工作、生活中时刻会有新的挑战，积累经验、提升能力固然重要，打造强大、稳定的心态可能更重要。人生道路上总是有喜有忧，最重要的是相信自己，这种韧性部分来自天赋，部分来自学习。《心力》就是一本系统地教你学会跌倒了怎么爬起来的书，非常值得一读。

曹国伟

新浪董事长

人生的道路很难精确规划，注重当下，在每个环节倾尽全力，自然就能迈上坦途。问题在于，我们如何才能在每个环节释放最好的自己？你的积累一定能百分百表现出来吗？亚萍这本书就意在解决这个核心问题，把她人生中不同阶段的致胜奥秘完整展现给读者。

白岩松

主持人、记者、作家

在赛场上，邓亚萍并不是靠自己巨大的身体优势来赢得比赛的。恰恰相反，可能从身体这方面来说，亚萍从来没有优势，这反而是她的劣势。但是她拥有强大的心胜能力，也就是说她有一颗大心脏。希望更多的人通过这本书感受到她的强大心脏，更重要的是，让自己的心胜能力越来越强。

王潮歌

“印象系列”“又见系列”
“只有系列”演出总导演、总编剧

当今社会发展的快节奏让很多人顾此失彼，大家都在抱怨工作与生活很难兼顾，更有些人不擅长应对压力，把简单的生活过得特别复杂、简单的工作做得特别吃力。这些问题其实都可以通过科学、高效地调整心态和情绪加以化解，亚萍这本书就为读者提供了绝佳的办法。

杨 澜

主持人、传媒企业家

亚萍曾在我参与北京申奥的关键时刻对我说过一句话，让我记忆犹新："怕输就会紧张，想赢就不紧张。"她的这句话帮助我释放出了内在的能量，而那次我们也获得了申奥的成功。我相信邓亚萍调整心理状态、获得成功的经验还有很多很多，这本书对每一位在奋斗路上的人都会有益处。

撒贝宁

主持人

好的心理状态对于从事任何行业来讲都是不可或缺的，如何让自己能够从容冷静地去面对各种突发状况，真的是一门高深的学问。在几次节目中和亚萍老师的接触，让我能感觉到她那种大将风度，那种在任何时候气定神闲的状态。相信这本书能让读者收获颇丰。

序

感谢体育的精神馈赠

亚萍的新书用“心力”一词来总结顶尖运动员的心理素质，我非常赞同。

从残酷的竞技体育中脱颖而出的每一个人，除了练就了过人的本领，也一定都是有过硬心理素质的人。就像大家一说到中国女排，在赞叹这个团队每个人经历千锤百炼、个个技术精湛之外，一定会说到“女排精神”。女排精神对于一代代女排运动员来说，就是一种“心力”。

祖国至上、团结协作、顽强拼搏、永不言败，是女排精神的内核，亦是一代又一代女排运动员在中国女排这个大熔炉里经过长时间全方位的刻苦磨炼凝聚起的强大内心力量。

每一个运动员，在最初投身竞技体育时都是普通人。没有谁真正掌握了强大意志力的密码，遇到挫折和失败，往往都会失落沮丧，甚至怀疑自我。

但是在中国女排这样的集体中，长时间、高强度的训练不只帮助运动员完善技术，可以说在每一项技术训练中，教练员都在有意识地帮助运动员锻炼他们的“心力”，甚至故意制造困难，不断提高运动员的忍耐力、抗压能力等。

我做运动员时，中国女排就有一种训练方法——单人极限防守，我们习惯称之为“单兵”。我们都最怕教练安排这项训练，最怕在安排这项训练时教练想到自己，因为单独一个人被教练拎出来练意志品质，实在是太痛苦了，顾名思义，这项训练考验的就是身体负荷极限时的意志力。

记得那时候教练就说过，看我们练到后来一个个痛苦的样子也很心疼，但是到比赛场上对手绝不会对你手软，有些事情必须自己扛过去，有些坎儿必须自己过。

不可否认，运动员在一次次完成极限防守训练的过程中会提高防守的专项技术，但相比提升技术能力，它对运动员意志品质的磨炼更为有效。在逼近体能极限时还要尽最大可能奔跑，努力做出正确的判断，做好动作，把教练从各种角度、用不同力量发出的来球防到要求的位置，达不到要求不算数，一直到防起要求的球数才能停，即使是累得或委屈得哭，也要哭着完成。

极限防守的过程，就像比赛、学习、生活中遇到困难咬牙坚持的过程的一种浓缩，练的就是在你感觉困难重重、挺不过去的时候，如何在短时间内调整心态，调动自己，专注当下，做好自己可控的部分。

我想，女排精神给人印象最深的表现恐怕是在绝境中不放弃，越是困难越坚强，一次次上演触底反弹、绝处逢生的奇迹。这样的心力不是专属于排球人、体育人的，为女排精神点赞之外，对日常生活中面对各种挑战的大众来说，也一样可以通过训练不断提升自己的心力，毕竟每个人都需要在面对困难时保持内心的强大。

亚萍的书中还提到“失败清单”，意思是在做重要事情之前，尽可能想象一下会遇到哪些困难，会面对什么样的挑战，提前做好预案。这话我跟队员也常说：要把困难想在前面，越细越好，一定要做足困难准备。因为对于每一场比赛来说，真正决定一个人甚至一支球队的表现的，不是困难本身，而是面对困难如何迅速做出反应，如果你之前已经想到了并且做好了相应的准备，那你的心情就会比较平静，保持清醒头脑，见招拆招。

竞技体育，有时很像充满挑战的人生的一种浓缩。我们在日复一日的训练中、在惊心动魄的比赛中经历的很多事，对我们的人生很有帮助。我想这就是亚萍这本书的意义，愿读者们能从“乒乓女王”的这些方法中，找到自己克服困难、勇攀高峰的成功密码。

2021.7.19

自序

虽然拿过四枚奥运金牌、十八次世界冠军，但我自己知道，体育给我带来的最大收获并不是这些奖牌，而是让我有了钢铁般的心理素质。

说这句话，并不是在给大家灌鸡汤。中国乒乓球队挑选队员参加国际比赛的时候，有一个基本的公式：实力 = 技力 × 心力。“技力”就是一般理解的技战术水平，包括力量、速度、反应等；“心力”就是我们常说的心理素质，具体来说包括抗压能力、发挥的稳定性、自信心等。输不输得起？打比赛能不能发挥出最大的潜力？这些都是心力的范畴。

有经验的人都知道，在技力和心力两者中，心力是经常被严重低估的能力。

我举个例子你就明白。我还是运动员的时候，让我最难受的不是奥运会，也不是世乒赛，反而是国家队里的训练赛。

有时候我们找来对打的球员，训练刻苦，基本功和技战术都非常扎实。而且训练赛的时候，因为他们没有压力，所以球路凶狠、板板扣杀！这时候，你可能就会好奇：所以他们是谁？谁的实力这么强？

我得很遗憾地告诉你，这些人，你肯定一个都不认识。为什么？因为他们训练比赛可以，但一到了国际大赛，全场瞩目，压力一上来肾上腺素飙升，他们就挺不住了。

有时候看他们比赛，打到关键分，我心里想，这球要是在训练场上，他们肯定拿下来了。但莫名其妙，到了真正的比赛中，他们就像忘了怎么打球一样。有些时候，我真的很想问他们："同学，你为什么就是不敢赢呢？"

我和他们之间，从努力和刻苦的程度到技战术水平，都相差无几。我们之间最大的差距，就是在关键时刻，我更敢赢！而这种敢赢、敢拼的能力，就是心理素质高、心力强的表现。它能保证我在关键时刻发挥出 100% 甚至更高的水平。

等到我后来退役，去剑桥读书，去企业工作，这种感觉更加明显：太多人将努力花在了提升自己的"技术"上，却忽视了心理素质的重要性。

有的年轻同事我非常看好，能力强、态度也认真，我就想把一些重点项目交给他，或者想提拔他到更高的位置。但他要么是抗压能力不够，不能经受一点挫折；要么是不敢接，接了任务做不好。你让他做个演讲，做个公开汇报，或者是主导一个谈判，结结巴巴完全搞不定。按咱们中国人的说法，就是上不了台面，而且还特别玻璃心。

真正的赢家，就是咬牙切齿也要把事情做好了。

而且我还总结了一下，这种同事平常最喜欢说什么呢？喜欢说自己是“发挥不好”，是“运气不好”：

“这次面试有点紧张，没发挥好。”——这是面试的。

“那个……那个……第一次见面，有点紧张。”——这是约会的。

我还见过最搞笑的是，吵完架说自己没发挥好，说自己没反应过来！

说到底，这就是心里不服气，不肯承认自己是实力不够。但实际上呢？这就是最大的误解，片面地以为实力只等于技战术能力，只等于基本技能。

我们仔细想想，和咱们一起竞争的对手，技巧上不可能差太远，不然早就淘汰了。真正决定胜败毫厘之差的，就是心理素质稳定性，你的心力水平到底怎么样，关键时刻扛不扛得住、敢不敢赢？

有的人莽撞，有的人怯懦，有的人犹豫，有的人盲目。这些，都是输在了自己的心力上。这本书里会列出我总结的一些小技巧，关于心力，为你介绍一些高效的训练方法。这些方法无一例外都是我那些教练、心理辅导师拿来“折磨”、敲打我们这些奥运冠军的。从怎样做自我暗示，到怎样锻炼自己的耐挫能力。总之，是用打造奥运冠军的方法，打造一个更能抗压、更加耐挫、更有自信、更能发挥出最大潜力的你自己。

我这辈子就相信一点：这世界上每一个人，没有天生的失败者，也没有天生的赢家。能力可以锻炼，心力同样可以锻炼。我在 8 岁时被省队拒绝，13 岁时被国家队拒绝。国家队 5 个教练中 4 个都反对收我，他们认为我个子太矮，没有任何机会去战胜欧洲选手。只有张燮林教练坚持说，个子矮反而是邓亚萍的优点——因为她矮，所有的来球，她都有了扣杀的机会。是这句话给了我一路进攻的动力，也成就了我独特的打球风格，成为我永不忘记的人生格言。

关键时刻，你不拼一下，怎么找得到最好的自己呢?

目录

四　意志力训练 / 167

附录

一　心态提升

01 思维阻断：

给情绪安装开关，就能控制焦虑

思维阻断

Thought Stopping

提炼出处

运动心理学家 Zinsser, N.,Bunker, L.。

简　　述

大脑对“禁止”的反应速度慢于“命令”，要自己“别想了”只会想得更多。正确的做法是提高自己“走神的能力”，在重要关头，靠转移注意力摆脱坏念头。

适用场景

考场中，因心态紧张而大脑空白，这个方法有助于及时止损，避免崩盘。

使用方法

设计你的“专属小动作”，在掉链子的时候，可以通过做这个动作适度走神。

瓦伦达效应

Wallenda Effect

简　　述

指为了达到一种目的而总是患得患失的心态。

来　　历

卡尔·瓦伦达是美国著名的高空走钢索表演者，他在一次重大的表演中不幸失足身亡。

他的妻子事后说：我知道这次一定会出事。因为他上场前总是不停地说，“这次太重要了，不能失败”。而以前每次成功的表演，他总想着走钢丝这件事本身，而不去管这件事可能带来的一切。

1996 年奥运决赛是我记忆最深刻的一场比赛，那是一场大逆转，媒体说我一战“奠定了乒坛第一人的地位”。从此我开始受到各界关注，年纪轻轻，就要经受万众瞩目下的极端考验，压力之大不言自明。

生活中没有谁会一帆风顺。汇报忘词的、面试结巴的、考试懵圈的……运动员经常面对比赛中的直接对抗，遇到类似的窘境更加频繁。

别看我在媒体上非常风光，人们一说就是“18 个世界冠军”“初代目大魔王”……但比赛中落后的那种心理压力，那种丢一分就丢掉一个冠军、丢一局就面临退役的压力，现在想起来自己都手心出汗。

1996 年，亚特兰大奥运会乒乓球女单决赛上，我的对手是状态正佳的中华台北队运动员陈静。此前，她在半决赛中干净利落地三比零获胜，可以说是气势如虹。而我呢，1992 年就已经拿了奥运冠军，这次志在卫冕，外界期望很高，所以压力非常大。

比赛是五局三胜制，开场两局我的状态很好，接连拿下。眼看着离冠军就差一步，有可能那一瞬间，我也有一点点松懈了。

相反，陈静因为到了被淘汰的边缘，反而不再患得患失。第三局刚开场，她就展现了完全不一样的气势，打得很猛、很强势。有几个球，我以为我扣死了，结果都被她救回来，然后又被她抢攻得手。

结果第三局最终打成了20比22，我输了关键分。之后的第四局，再输！原本2：0领先的大好局势，被追到2：2平手。我的气势完全输了，整个球馆的人应该都在想，邓亚萍要崩了，她马上要输掉奥运决赛了！

我要承认，我当时也有点慌了，有点急了，有点太想赢了，开始出现一些我平常不会有的失误。这时候换作是你，你会怎么办？跟自己说："快冷静下来，别紧张！"对吗？

我也是这么做的，但越是这样暗示自己，我就觉得越有压力。越告诉自己"别在意失误"，我反而就越在意自己的失误。

决胜局开始前，我坐在休息区，看着记分板，心想："刚刚到底发生了什么？我是不是真的要崩掉了？"这个经验，就是我离"心态崩了"最接近的一次。

但最终的结果，我在决胜局中彻底反弹。陈静猛，我比她更猛；陈静球路凶，我比她更狠。在最后一局，我用 21 比 5 的大比分干脆利落地终结了比赛。

那么，关键问题来了：在逆势翻盘前这短短的几分钟内，我是靠什么方法调整好自己的心态，迎来逆转取胜的？

赛后有评论员表扬说：邓亚萍破釜沉舟，勇猛顽强。这都是虚的，只有我知道，我所做的很简单，要从一个小动作开始。

其实这是我的一个老习惯。在我濒临崩溃之时，第五局几乎每一个发球回合前，我都会用手摁三下球台。不是很快地摁，是用力地、慢慢地，摁一下、摁两下、摁三下。就这么简单。

在这个过程中，我要迅速地从上一个球的得失中走出来，不去听观众的呐喊，不去想和陈静有几分差距。我只做一件事，就是很专注地去感受球台的触感、给我的手带来的反馈，并且伴随这个小动作，给自己一点时间缓冲，去想下一球的策略，去仔细而敏锐地观察对手。

这原本是我的教练教我的一个小动作，他曾跟我说，当你在赛场上压力太大的时候，就去摁摁球台。最后一局，我一次又一次地重复这个动作，每一次都在清空之前的失误和成功，让我能够专注在新的一球上。

当我找回对比赛本身的专注，而不是反复想着刚发生的失误、想着奥运卫冕，我最终赢得了胜利，而且是 21 比 5，大比分取胜。

所以说回来，这个动作究竟有什么神奇之处？为什么说它对我克服紧张情绪和高压状态有很大帮助？直到退役后我去研究体育教育，才知道在运动员的抗压训练中，这叫作“思维阻断”训练。

我们回顾一下，为什么当我在逆境中，越提醒自己冷静、不要在意，结果却适得其反？因为我只是在告诉大脑，这时候千万不要做什么，告诉自己千万不要紧张！但是大脑该干嘛呢？不知道。

就像新手司机开车一样，你越提醒他不要撞树，越提醒他要小心，他越容易踩着油门撞过去。驾校的教练就知道，你必须很清晰地下达指令：右转！刹车！

明白了吗？很简单的道理，思维阻断法的秘诀，就在于通过转移焦点，来让自己在很短时间内全神贯注地做一件不完全相关的事，清空你的脑袋。也就是说，主动地走神，然后才能重新恢复自己的注意力。

一般人都觉得，奥运冠军真冷静！真专注！从来不走神！但其实呢，区别你和奥运冠军的，往往不是你专注的能力，而是你走神的能力。各种重大时刻，你往往不是输在不够专注，而是输在“想太多”！奥运冠军必须要学会一件事：在正确的时候放空自己的大脑。

说完了为什么，再来说说怎么做。具体方法非常多，没有一成不变的套路，只要记住两点就行：

第一点，重点不在于你对自己说什么，而在于你对自己做什么。不要总想着给自己默默打气、增加心理暗示，咱们内心戏再多都没有用。一定要做出个动作，或者干脆大声喊出来。

第二点，这个动作要提前准备。假如你已经在向老板汇报的现场，心里开始发毛，然后临时去摁桌子给自己减压，这样做效果不是说没有，但是肯定不明显。

思维阻断的那个动作，最好是你提前已经演练过的，已经成为你的习惯。所以从现在开始，不妨给自己设计一个小动作。可能是双手交叉按压，可能是掐自己的手背，也可能是连续三下解锁手机屏幕，等等。

最后，总结一下关于心态调整的两个关键技巧：

第一，面对失误，最忌讳的就是反复提醒自己冷静，同时注意力却深陷其中。

第二，真正的赢家，会用思维阻断的方法，找到一件可以短暂分心并且全心投入的事情，主动给自己创造走神时刻。

02 失败清单：认清“失控感”，最大限度控制意外

失败清单
Failure List

提炼出处

心理学家 Kelly McGonigal。

简　　述

意外状况不可怕，“失控感”才可怕。所以，面对意外状况，要设计一个“失败清单”，这样一来，发生意外状况，大脑会认为“一切还在掌控中”。

适用场景

考题超出准备，遇到犀利的面试官，演讲、汇报时发生突发状况等。

使用方法

用游戏的心态，预设会发生的意外状况，并写在小卡片上。

无论生活中还是工作中，我们经常会碰到一些突发状况：汇报被老板奇袭、谈判被客户爽约、考试过程中碰到大纲外的题……这些意外，我无一例外都遇到过。

而对顶尖运动员来说，他们在赛场上同样无法百分百控制场面。这种情况下，他们如何处理？他们的应对方法对普通人又有怎样的指导作用？

本章我要先讲一个我难得输球的故事，再介绍一个叫做“失败清单”的技巧。它的作用，是让你面对意外状况的时候可以保持冷静，稳定地发挥。

意外状况是最恐怖的。面试的时候，面试官比想象中的凶且不客气；演讲汇报的时候，设备出了问题，准备好的内容讲不了等，这些状况，是个人都会紧张。运动员更是这样。很多时候，就连一些经验老到的好手，面对对手的奇袭也会意外败下阵来。我也曾经因为意外状况吃过亏，所以后来总结了一些方法，用来应对突发状况。

邓亚萍在比赛中

大家可能知道，运动员时代我收获了4枚奥运金牌、18个世界冠军，我的职业生涯里，外战只输了4场比赛。但是，你知道那4场是什么状况下输掉的吗？

1994年亚运会，我在决赛中1∶3输给了何智丽。这其中当然也有故事。

当年，大家都知道，实力最强的女乒运动员是我、陈静、乔红三个人。在赛前，教练跟我一起制定的战术，主要也是如何对付陈静和乔红。没想到，何智丽竟然先击败了陈静，再淘汰了乔红，成为我的决赛对手。说实话，当时我也很震惊。

这代表赛前我的准备和预测，基本上都落空了。这是第一个意外状况。

真正上了场以后，何智丽又像打了鸡血一样，她的发挥可以说远超她平时的水平！好几个球我觉得打得不错，都被她防守成功。这是第二个意外状况。两个意外状况加在一起，就连我也被影响，没有拿出跟何智丽匹配的表现，最后果然输掉了比赛。

日本选手小山智丽（何智丽）

这件事对我冲击很大。我下定决心，要找到应对意外状况的方法，别人是事不过三，而我呢，在同一件事情上，失败一次就不允许自己再失败了！在 1996 年奥运会女乒单打决赛上，我兑现了对自己的承诺，成功地应对了意外状况。

上一章里提到过，在这场比赛中，我面对状态正好的陈静，从开局的气势如虹连拿两局，到被连追两局，陷入绝境。但是，我没提到过的是，比赛中间其实有一个小插曲。

到了我的赛点，第三局，突然有观众开始闹场，他又是大吼大叫，又是举海报抗议，严重干扰了比赛。如果你也看过当年的视频，你就知道，这个闹场的人最后被保安架了出去，但球赛也因此推延了十几分钟。在干等的时间里，我的好状态都没了。

但面对同样的状况，暂停回来的陈静，打球却特别猛，跟之前的她截然不同。也因为这样，我才被连追两局，打成 2 : 2 平手。具体的故事这里不再赘述，读者有兴趣的话可以去网上了解。

邓亚萍（中）、陈静（左）分获 1996 年奥运会乒乓球女单金银牌

当然，结局前文也提到了，我在决胜局开始前调整好情绪，最后以 21 比 5 的大比分干脆利落地完胜陈静。

两次差不多的经验里，为什么结果完全不同呢？这当然有很多原因，其中之一就是我在 1996 年奥运决赛前使用了“失败清单”这个技巧。

在决赛的准备期，跟教练聊天的时候，我和他讲了几种我觉得可能会发生的最糟糕的状况。我跟教练说：“我感觉肯定会有场外因素，而且陈静正常打肯定打不赢我，所以到时候她肯定会特别拼，跟平常大不一样！”

听上去特别简单，对吧？但就是因为我说过这句话，在意外状况真的发生时，我心里的第一反应竟然不是负面情绪，而是“哈！被我猜中了吧！”

这句话，意外地在一定程度让我放松了下来。这对我第五局的重新振作起到了很大的作用。

为什么一句简单的话这么有效果？因为心理暗示的作用是很强大的。一般人遇到意外状况时，心里第一个念头都会是什么？你也可以想一想，遇到意外状况，你第一反应会是什么？“糟糕！这下完蛋了！”对吧？这只会让你更紧张。

发生意外状况时，正常人都会有一种失控感。这种失控感会让人觉得事情很严重，超出自己的掌控范围。一旦有了失控感，一般人都会本能地沮丧、本能地自暴自弃。

而“完蛋了”这种自我暗示，更是进一步向情绪投降，自己承认事情失控了，这当然会让人越来越紧张，表现自然也越来越糟。

但如果在最关键的第一时间，你换个心理暗示呢？如果第一时间，你是告诉自己“我就知道”呢？事情就很不一样了。“我就知道”这四个字，会给你一种感觉：“其实一切还在掌控中”。有了这种心理暗示，即使客观状况不佳，至少你在主观上还可以用正面、积极的心态去应对。

在当年的决赛场上，我就是告诉自己：“陈静的反弹是在预料之中的，只要我找回状态，她不是我的对手！”这为我争取很多心理上的空间，让我在最后一局能成功触底反弹。

这不只是我自己的经验而已，专家也是这样说的。美国学者 Jane McGonigal 是压力管理方面的专家，她曾经做过一个实验：学生去参加面试前，请他们用小纸条写下面试的时候可能会发生的最糟状况，并且要他们把小纸条放进自己的口袋里。最后，不管面试官有多严厉，问的问题有多不合理，只要做过这个预测游戏的学生，都比普通学生表现得要好。甚至有学生说："看到面试官凶巴巴的样子，我竟然还有点开心，果然被我猜到了吧！"有这种放松的心理状态，难怪表现会比较好。

换句话说，同样是面对意外状况，客观上都是失控了，奥运冠军以及其他心态强者为什么能做得比较好？其实不过是我们更懂得怎样骗过自己的情绪，在主观上消灭了失控感而已。

说完了原理，那具体要怎么做呢？就两个诀窍：

第一个步骤，想一想几种最糟糕的意外状况。

第二个步骤，用一种娱乐性的心态，把这些事记录下来，或是跟朋友分享。可以是写在小卡片上放到口袋里，也可以是和朋友开玩笑打个赌。你越熟练地以“预测游戏”的心态做失败清单，猜中的时候能带来的激励也就越强。

当然我必须要补充一句，面对大场面，大量的准备是更优先的工作。而且，面对极端状况，失败清单也未必会发挥理想效果。我想帮助你的，就是在你已经有一定准备的状况下，怎么加强心态，把你辛苦准备的成果最充分地表现出来。我没办法保证你下次一定能赢，但我可以保证，用了这个方法，你的表现会比这次更好。

最后总结一下本节分享的心态调整技巧：

第一，面对意外状况，最忌讳“糟了！完蛋了！”这种心理暗示。

第二，赢家会用失败清单，说服自己确认“一切还在掌控中”。

03

迷信习惯：

给自己设计一个小动作，做好心理暗示

运动员的小迷信

Superstitions

提炼出处

顶尖运动员的经验。

简　　述

运动场上充满太多不确定性，运动员为了增强“控制感”，都会用一些“幸运物”“幸运仪式”来说服自己，相信自己是幸运的。和算命、锦鲤不同，这种“迷信”，是为了让自己有更好的表现。

适用场景

大考、面试、重要工作汇报前的最后时刻，让你不被外力干扰，对自己的表现更有自信。

这一章要聊的事挺多八卦，也挺好玩。主要是我结合自己以前打比赛，现在当妈妈带孩子、当职业经理人的经历，说一说“迷信”这回事，分析哪些“锦鲤”管用，哪些不管用。

就当下而言，周围的同事、朋友里面，我发现 90 后、00 后的年轻人，“迷信”比例真不低！但我需要强调，这里说的迷信，不是那种烧香拜佛式的封建迷信，而是指网上那种转锦鲤、求新年签、测算水逆之类的行为。你说人们有多信吧，也未必。只是一到学校大考，或者面试跳槽，我就发现有些朋友特别爱转这些东西。问他有什么用，往往回答说：“转转嘛，反正也不亏。”

这种时候，我就有点心急，想说他们几句。并不是我倚老卖老、好为人师，我也不是要凭一己之见指点别人，而是要说相对转发锦鲤的这种心理暗示，我有一个更有效的招数推荐给大家。

熟悉我的朋友可能知道，20 年前，我打比赛时也是一个讲究蛮多的人。而且我敢跟你保证，全世界最顶尖的运动员，都有一些莫名其妙的癖好。

上一章其实已经介绍过了，在局势不利的情况下我肯定会摁三下球台，或者发球前习惯性地对着球拍吹气，而且局势越紧张，我吹气的动作也越频繁。以至于以前有球迷开玩笑说，邓亚萍你这是给自己吹仙气呢！

再比如大家都很熟悉的姚明，比赛前他绝不刮胡子。曾经的女子网球霸主李娜，每次到澳洲打比赛，都会要求住在墨尔本的同一家酒店、同一个房间。中国男子体操冠军邢傲伟，比赛前一天洗澡时绝对不会用洗发水。你问他们原因，他们都会说“没有什么为什么”，这都是自己的幸运小习惯。其实呢，归根结底，这不也是小迷信吗？

不光中国运动员这样，国外顶尖选手更夸张。比如在咱们国内很受欢迎的日本选手福原爱，她有一个玉做的苍蝇形状戒指。有一次央视的记者问她：“为啥是苍蝇啊？”结果“瓷娃娃”福原爱竟然说：“苍蝇的谐音，是场、赢！”嘿！你说一个日本姑娘，这“苍蝇”的谐音，怎么就变成东北话了呢？！

还有篮球飞人乔丹，自从他 1982 年帮助大学校队拿到冠军，之后职业生涯的每一场比赛里，都会在球裤里多穿一条当初校队的训练裤。这可不是为了纪念母校，乔丹说了，这是因为校队的训练裤是自己的吉祥物。如果哪天打比赛没穿，那自己一定赢不了。

是不是觉得很离谱？这些顶级运动员的迷信例子，真是数也数不完。读者应该会好奇，你依然没解释清楚，顶尖运动员的迷信和普通人的迷信有什么不同呢？

我们先分析一个问题：运动员为什么有这些迷信的习惯呢？估计每个人都会有自己的理解，但不一定能说清楚其中的道理。

我很喜欢的一个作者万维钢老师曾经很精辟地总结说：所谓“迷信”，就是在没有道理的地方寻找“道理”，在没有意义的地方寻找“意义”，在没有规律的地方发现“规律”，在没有因果的地方强加“因果”。

就运动员的各种独特“迷信”而言，之所以会这样，运动心理学的解释是：所有的迷信，都是在寻求自我控制感，在降低不确定性。

如果你从事的是坐办公室的工作，其实不确定性是很小的。每天该干什么，几点上班、几点下班，是可预期的。最多是老板心情不可控。

但是对运动员来说，每一场比赛，尤其是重大比赛，不确定性可太大了：场地的灯光、风向、湿度，观众的态度、距离球台的远近，等等。因为是重大比赛，所以你和对手的差距微乎其微。谁赢谁输，很可能就取决于这些场外因素。

而当不确定性增大，或者老话说的“天时、地利、人和”你都控制不了的时候，怎么样？你的自信心或者专业上所谓“自我效能感”就会下降。

那怎么办呢？答案就是“小迷信”。

运动员的这些小动作、小习惯，与其说是在祈求好运，不如说是在通过某种仪式来增强自己对自己的控制力，来给自己一个暗示，强调这些场外因素都对自己有利。

天时、地利、人和，这些都不可控，那我控制自己总可以了吧？我不能控制灯光、温度、湿度，我总能控制自己洗不洗头、穿几条裤子吧？

在运动员身上，迷信不仅有安慰剂的效果，而且还能分散注意力。你把一整套仪式都做完了，就像前文提到的思维阻断一样，精神压力自然也减小了。

知道了小迷信的用处，那咱们就回到最开始的问题，为什么我说转发锦鲤这样的迷信没什么用？普通人的迷信和运动员的迷信有什么差别？因为普通人的迷信其实是从众的迷信。大多数人生活工作相对稳定，也没有面临太多大的挑战，自然就总结不出属于自己的吉祥物或者小习惯。

我们平常那些求神拜佛、星座血型等小迷信，都是媒体或者别人灌输给我们的。我们的迷信，是将希望寄托在别人的规划之中。星座说你今天运气不错，你就觉得运气不错；说你今天不宜出门，那你就不宜出门。

你明白了吗，这种小迷信其实并没有增强多少对自己的控制感。相反，这只是把控制权拱手让给了一个虚无的、不可靠的东西。

但是，运动员的迷信呢？他们那些奇怪的动作、习惯，都是自己设计出来或者自己发现总结的。他们在开始比赛前不是去祈祷神灵，而是去跟自己的内心对话。所以，他们所谓小迷信的控制权依然在自己身上：只要我按照自己的习惯，订了同一家酒店、穿了同一双球袜，那我就能发挥出色。

换句话说，小迷信灵不灵，其实一点都不重要，哪怕你是半信半疑也没关系。因为在关键时刻，你需要的只是对自己的控制力，这就足够让你更轻松、更自在，也有助于理清思路和舒缓情绪。

明白以上关键点，相信会对你有帮助。

如果你是医生，你要时刻准备好一台有风险的手术。

如果你是销售员，你要时刻准备面对脾气暴躁的陌生顾客。

如果你是文字工作者，你同样要准备好随时写一篇自己不熟悉但又马上截稿的文章。

当你下次遇到有挑战的任务，而自己的准备工作又做得不是非常圆满，怎么办？我还真劝你，不如给自己一点心理暗示，梳理出一套自己的迷信小动作或者小习惯。

好，最后照例来总结一下：

第一，迷信的重点不是你信不信，而是能够有效提升在不确定环境下，你对自己的控制力。迷信简单、粗暴、非理性，但是偏偏能管用。

第二，与其去盲从，听信一些别人给你推荐的小迷信，不如给自己精心设计一个小动作、小习惯。

04 自我激励：
学会 30 度原则，才能时刻保持耐心

练习的心态
Practicing Mind

提炼出处

美国心理学者 Thomas M. Sterner。

简　　述

随着年龄的增长，我们只盯着目标和成绩，内心充满压力和焦虑。在学习一项新技能时，经常刚开始就放弃；或者面对生活或工作中的挑战，无法耐心又专心地应对。人的大脑对结果的暗示效率极低，控制力极弱。

适用场景

职场重要汇报、学校重要考试前，快速调整心态，增强自我鼓励。

使用方法

自我鼓励的内容应关注过程而不是结果。更具体来说，“打好这一分球”比胜利更重要。

我曾看过一个心理学实验，学者们经过实验发现，鼓励小孩时，不要说“你真聪明”，而要说“你真用功”。因为只有这样，小孩才会更加努力。

成年的标志之一，就是不再奢望别人的称赞。因此，怎样做好自我鼓励就是本章的主题。我们重点探讨一下给自己打气的技巧，教你怎样给自己“打鸡血”、怎样自我鼓励，才能展现最好的状态、实现最佳的效果。

生活中，需要给自己“打鸡血”的状况实在太多了。回想一下，你最近有没有碰到一些重要的事，却没有百分之百的把握？比如说，明天就要考试了，但还有一些内容没有背熟；或者要去面试，却不确定自己是不是符合对方的需求；要跟领导做个重要汇报，怎么准备都觉得不够充分。

这种时候你就需要给自己打打气，鼓励自己。但你也要小心，有的时候，鸡血打得不好，反而会有反作用，让你越来越紧张。

我从6岁开始打乒乓球，到16岁第一次拿到世界冠军之前，有几次对当时的我而言超级重要的比赛，比如说，一场定生死，决定我能不能进国家队的比赛，那时我也紧张得不得了，每天觉都睡不好。

现在回想起来，我会这么紧张，其中一个原因就是给自己“打鸡血”的方式不对。

我当时是怎么给自己打气的呢？和很多人惯常的方式一样，我不断地对自己说：“邓亚萍！你是最棒的！你一定能赢！”

这样给自己“打鸡血”，当下确实很激动，心潮澎湃，感觉很有效果。但问题是这种话重复太多遍，我自己也不信了！

比如说，当时我集中练习正手拍，这是我的优势，但毕竟年纪还小，被对方针对性布置，欺负我反手拍不行的时候，我还是很难受的。在这样的状况下，“我最棒”这种话，真的很像纯粹的心灵鸡汤，很难激励到我。

尤其在我发挥不好的时候，如果想起来我对自己打的鸡血“邓亚萍！你是最棒的！你一定能赢！”我反而会反过来问自己：“邓亚萍，你凭什么是最棒的？你凭什么一定能赢？”我越是向自己强调“我最棒，我一定能赢”，反而越不相信自己能赢。

甚至有几次，在正式比赛中，我越是跟自己说“你最棒！你一定能赢！”反而越在意自己上一球的失误，因为好像我辜负了自己，我的表现配不上“我一定能赢”这样的自我打气。

就是这种自我质疑的心态，让我在好几次比赛中都没办法发挥最棒的状态。幸运的是，在乒乓球职业生涯中我从来不是单打独斗，一直有很棒的教练陪着我，不然，可能我一辈子都不会知道该怎样正确地给自己打气。

就职业体育而言，教练的作用毫无疑问是巨大的，尤其在乒乓球这项运动中，教练跟运动员的关系特别紧密。我特别紧张的时候，教练们其实都看得出来，也都会主动来关心我，安抚我的情绪。

那他们是怎么说的？

他们不是哄我，说你是最棒的；也不是骂我，说想那么多干嘛？专心打球！甚至连说“冷静点，别紧张”都没有。

我的教练们只用一种特别云淡风轻的方式说：“跟训练时一样打就好。”

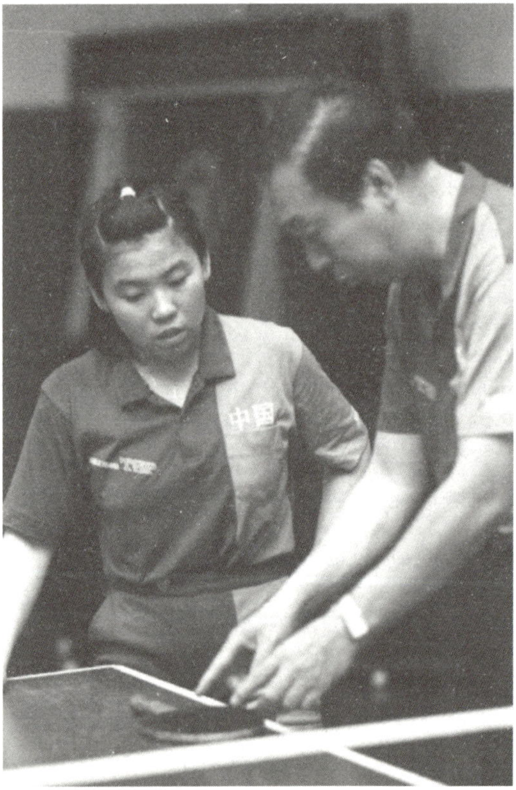

邓亚萍与恩师张燮林教练

长大一点后我才真正理解，这句话真的比我之前的自我激励要好太多了。因为这句话的关键在于，引导我少想赢的结果，多想赢的过程。

教练的指示，是要我“跟训练时一样打就好”。言下之意，就是用训练时的心态去看待比赛，去执行训练的要求，最终拿到比赛的结果。

问题来了，训练的时候和正式比赛的时候，心态有什么不同？区别就在于比赛更在乎结果，而训练更在意打好每一个球。

比赛的时候，失误丢一分，可能就会决定胜败，一不小心，就会对每个球斤斤计较。但训练的时候，上一球失误了，没事，这球再补回来就好。

在训练时，我对自己打气的话也会变成：“邓亚萍！打好这一球！”如果真的打好了，我更是会大喊“漂亮！”来庆祝、来激励自己。比激情，一点都不比“我最棒”来得差。那如果打不好、失误了怎么办？没事，那就打好下一球呗！

在这个过程中，我都不去想到底会不会赢、赢了又如何，而是想我该如何把这一球打好。当我把这种心态套用到正式比赛中，给自己“打鸡血”的话就变成“邓亚萍！你的准备很充分！你可以打好这一球！”我发现自己更冷静、更专注，甚至也更兴奋了。

我学了运动心理学之后，才知道其中的道理真的特别简单。用一句话总结就是“要骗过自己的大脑，没那么容易”。

什么意思呢？

能不能赢，那不是我能控制的。至少在我小的时候，客观上，我未必是最强的那个。如果真是客观上最强，我也就不需要自我激励了。对于结果，我就是没有把握、不能确定，才要给自己“打鸡血”，不是吗？

明明没把握，结果我还是说“我是最棒的！我一定能赢！”这种做法，就好像要大脑马上180度转向，那肯定做不到嘛！大脑当然会反弹，反过来质疑“凭什么”！说得更直接一点，如果自我暗示那么容易，那减肥可容易了！你再也不用天天吃沙拉、天天健身了，只要每天早上起来告诉自己“我最瘦”，不就够了？很明显事情不是这样！

所以怎么办呢？没办法把大脑转 180 度，那就先转 30 度吧！

当我说“我要打好这一球”，我的脑海里就浮现出该如何打好这一球的经验和练习。这些经验和练习是可控的，是我能确定、有把握的。换句话说，我的大脑，会更愿意相信我有能力做到“打好这一球”。

当我有信心打好这一球，脑袋就往自信的那边转 30 度，下一球，再转 30 度。久而久之，因为我对每一球都有信心，我对比赛的结果也会更有信心，相信自己一定能赢。

这时候，为什么我会相信自己一定能赢？不是因为我给自己“打鸡血”说自己是最棒的，而是因为我说服了自己，我能打好每一球。换句话说，一个人，尤其是运动员，应不应该相信“自己是最好的”？他应该相信。但他要不要一直给自己“打鸡血”，说自己是最棒的？他不应该这样做。

越是想赢、越是想要有自信，就越不应该太在意结果，应该多在意“打好每一球”。

所以，你在生活中，到底该怎么给自己“打鸡血”？

核心的原则就是针对过程打气，不要给结果打气。

要大考，有些知识觉得掌握得还不熟，你可以这样和自己说：虽然有些知识没背熟，但基本的概念我都掌握了，只要我细心地回答，就可以把基本分都拿到！

要面试，不知道主考官要问什么，你可以这样给自己打气：至少我把自己的优势剖析得很清楚！主考官问起为什么要录用我，我能给出很好的回答。

其他的状况，依此类推就好。

只是，我要再一次提醒大家，用正确的方法“打鸡血”，可以激发你的情绪，把准备好的东西完美地表现出来。但是，如果你不愿意锻炼专业技能，那不管用什么方式自我激励都是白搭。

是时候来总结一下了：

第一，自我激励不要想一步到位。你的大脑不会180度转向，相信你一定能赢。

第二，正确的方法是关注过程，激励自己把一件件小事做好，一次转30度。

05 角色定位：如何成为更强大的自己

角色定位

Role Definition

提炼出处

定位理论由美国著名营销专家艾·里斯（Al Ries）与杰克·特劳特（Jack Trout）提出。

简　　述

人的自信，有时来自于“我是谁”的设定。你要帮自己找到一个好的角色，用这个角色的心态去面对挑战。

适用场景

需要达成一个目标，例如考试、考级、获得晋升，但缺乏自信或动力。

使用方法

给自己设定一个“角色定位”，并不断向其靠拢。

大家或许都思考过“我是谁”这个问题。

我是一个妈妈，一个学生，一个职场人……

如果我们尝试在角色之前加上一些积极的设定，例如，我是一个每天坚持背单词两小时的学生，我是一个具有极强情绪消化能力的职场人……并且不断通过行动努力向这些设定靠拢，会发生怎样的变化呢？

本章将探讨“我是谁”这个问题，讲述如何通过积极的心理暗示帮助你成为理想的自己。

有一个对提升自信非常有效的技巧叫“角色定位”。

人的自信，往往来自“我是谁”的设定。所以，你要帮自己找到一个好的角色，用这个角色的心态去面对挑战。这里说的角色，可以是很常见的各种身份，比如运动员、学生，或是妻子、母亲、职员。我扮演过许多角色，也都尽力扮演好这些角色，所以才有朋友叫我超人，因为他们感觉这一个个角色我都信手拈来，切换自如。但是，我今天想讲的没那么简单，我是想说说，怎么利用角色定位，找到比平常更强大的自己。

我以自己练乒乓球的经历为例，来聊聊“角色定位”这个方法该怎么用。因为个子矮差点进不了国家队的故事，我说过挺多次。读者们或许有所耳闻，我的恩师张燮林教练当年对我的评价是：“你们觉得邓亚萍的身高是劣势，我却觉得不然，因为她个子矮，所以她眼中的球总是高的。”

什么意思呢？正因为我个子矮，我看所有的球都高，也就是说，每个球都是机会，我干嘛要防守啊！

在那个瞬间，我就找到了自己的角色定位：一个以攻为守的乒乓球运动员。很多人说看我打球很过瘾，可能就是因为我总是主动进攻，还时不时来个杀球。

说回正题。明确了角色定位之后，我开始拼命练习，我对自己说：“只要球打得比别人快，就能掌握赛场上的主动权，将身材的劣势变成优势。”后来，终于让我锻炼出一套独特的打球方式，而进攻就是我的拿手好戏。

保持着这种心态，即使我客观上是劣势，客观上被对手身材压制，但我始终相信，靠着进攻，我能赢！事实上，我也做到了。

现在，我们换个角度想想看，如果当初我没有明确自己的角色定位，可能就会错过把劣势变成优势的机会。

有的人觉得，“我内向，这个我做不来”，或者是“我太胖，这个我不行”，其实你是把自己的短板当成你的角色定位了。每个人都有短板，成功与失败，差的往往是好胜心和努力，你相不相信自己一定可以做到？

每一个优秀的运动员，都是不服输而且非常拼命的。比如篮球运动员科比。篮球迷可能都知道，科比有个绰号叫“黑曼巴”，这是一种毒蛇，体型纤细，攻击速度极快。

科比为什么给自己起这样一个绰号？这其实是他给自己的角色定位。他希望自己在球场上就像“黑曼巴”一样，行动速度极快、攻击力极强，最好是让对手都怕他，见到他就“怂了”。

其实我也很喜欢外国媒体给我起的一个绰号——“东方魔女”。啥意思？就是说我的球路很奇怪、很险，对手都捉摸不透。这给我很大的心理优势，我会觉得对手就是猜不透我，不知道我下一球怎样打！打起球来，我当然就更洒脱、更自信了。

说完角色定位的概念和用法，我还想补充一点：角色定位不是死的，不是一成不变的，你可以根据实际需要进行调整。

美国知名娱乐摔角赛事 WWE 有一位元老级的摔角手——马克·威廉·卡拉威，他就把自己的角色定位改了不下三次。在摔角事业初期，他用“痛苦大师”作为擂台绰号，虽然做到了让对手痛苦，可是没能拿下冠军。

之后他把绰号换了，改叫“惩罚者”，比赛结果有赢有输。最终，在 1990 年的时候，他又把擂台绰号改为“送葬者”，字面上都可以看出来，这次他是下定决心要碾压所有人了。说来也巧，自从定了“送葬者”这个名字，他仿佛变成了一个没有痛感的摔角手，送走了一批批的对手，在摔角赛事上开启了连胜记录。自此之后，外界便管他本人叫“送葬者”。

那么，你到底可以给自己什么角色定位呢？

我把可以代入的角色分成两大类。

第一种是“基本款”，可以是一个你崇拜的人，或是某种东西，这种东西身上有你希望拥有的气质。比如科比把自己代入黑曼巴蛇，认为自己具有杀手气质，就是其中一种。

第二种就是直指本质了，比如像我一样，找到一个“永远在进攻”的自己，你也可以帮自己找到一个“永远都很乐观”的自己。

现在总结一下关于提升自信的技巧——角色定位：人的自信，有时来自“我是谁”的设定。你要帮自己找到一个好的角色，用这个角色的心态去面对挑战。

06

如何用特定动作唤醒“强大人格”？

人设加强

Role Enhancement

提炼出处

“认知行为矫正法”，由心理治疗专家梅钦鲍姆 (Donald Meichenbaum) 提出，是用来改善负面情绪的心理治疗理论。

简　　述

不是自我认知指导行为，而是行为反过来塑造自我认知。刻意做一件和某人设相符的事，就会加强自我设定，让自己更加相信自己是这样的人。

适用场景

考试、面试、谈判、汇报等，需要自信的场合。

使用方法

1. 找到一个让自己有自信的人设；
2. 刻意做和这个人设相符合的事，让你真实地相信自己。

开始本章内容之前，首先得恭喜一下咱们中国乒乓球队，在刚结束的2019年世乒赛中斩获五枚金牌的好成绩!

我一路陪着他们解说，一路揪着心，但也一路欢喜。

尤其是男子单打三连冠的马龙、女单决赛中打出疯狂进攻的刘诗雯，都展现出一个顶级运动员应有的霸气和魄力。

说到马龙，无论之前取得多么了不起的成绩，他永远都能像一个新人，像没拿过任何冠军一样，去拼每一场比赛。要知道，他可是刚刚经历了长达8个月的伤病恢复期。

而熟悉刘诗雯的读者应该都有一种感觉：这次世乒赛，咱们看到了一个全新的刘诗雯，对胜利自始至终都保持着强烈渴望，成了真正的杀手。

本章就来说说“霸气”是怎么一回事。

霸气是什么?

我的理解，霸气就是唤醒你内心中最强大的一面。说得更具体一些，通过自我暗示的方法，增强自信心，发挥极致的潜能。

但是，我们之前就提过，自我暗示要更加成功，还需要各种小技巧，利用客观的事实。在前文中关于角色定位的章节里，提到过如何找到强大的人设。本章将通过几个事例，进一步阐述如何持续加强你的强大人设。

第一个故事，和打球没关系，与我的博士论文有关。

我曾在剑桥攻读经济学博士学位，一读就是五年。走过漫长的求学路，终于等到博士论文答辩的时刻来临。但你要知道，在英国，博士论文答辩就只有那么一次机会。过了，那当然万事顺利；但如果没过，你就是被当场“毙掉”了。

我去询问我的指导教授，问他，答辩要持续多久？

他说不知道，有的一小时就结束，有的可能要一整天。

我再问，那审查委员们会问什么？教授还是不知道。

我最后再问，那至少可以去旁听同学的答辩，了解一下状况吧？

教授摇摇头，也不行。

哎呀！这个不知道，那个也不行！这样一来，我岂不是要在啥都不知道的状况下答辩吗？最重要的，这也不是乒乓球赛，不是我的主场呀！

当时我的压力真的超级大！

最后实在是没辙了，我就用了一个之前用过的心理学技巧。最后的结果证明，还真的挺管用！

答辩之前，我夜以继日地拼了命做准备。答辩当天，走进教室，一上发言台，我就把书包里装着的论文“啪”地一声放在桌上。

紧接着，我从容地对答辩委员们说：论文中的内容，全在我脑子里，我不需要看论文了！请大家尽管问！

牛哄哄，是吧？

很神奇的是，做了这件事，我就好像回到了乒乓球场上。那个充满霸气、充满自信的我，好像回来了。

结果，三个小时的答辩进行得非常顺利，我甚至还很享受这样的过程。

在剑桥获得博士学位

我是怎么做到的？大家还真别小看扔书包的那个动作。事实上，就是这一招，让我唤起内心强大、霸气的自己。

心理学界有一位专家叫梅钦鲍姆（Donald Meichenbaum），他曾提出一个心理治疗理论叫“认知行为矫正法”，用来矫正、改善人的负面情绪。

这个治疗法最核心的内容是：很多时候，不是人的自我认知指导行动，而是反过来，用行动去指导自我认知。

不太明白？再举个例子你马上就懂了：不是你先觉得自己是个好人，才去扶老太太过马路，而是因为你决定去扶老太太过马路，这个行为让你觉得自己是个好人。

听出来微妙之处了吗？

没错！这就意味着，你可以操纵自己的自我认知，唤醒特定的人格。

比如你想让自己觉得“内心强大”，该怎么办？很简单！你就刻意去做一些符合“强大人设”的事。

我在答辩开始前摔书包、不看论文直接进入答辩，这些举动，是不是特别霸气？正是因为我刻意做了很霸气的事，整个人的状态也就跟着霸气了起来。我利用一系列霸气的动作，唤醒了霸气的自己。

很多人可能会质疑：你是顶尖运动员，是奥运冠军，成功的职业经历使你当然就具备那种霸气，跟扔书包有什么关系？

别被媒体给糊弄了！每个人都有脆弱和不自信的时刻，我也不例外，而且没有人能例外。我面对的可是自己完全不了解的论文答辩啊！人肯定都是多面性的，没有人能永远坚强。

换句话说，我们这些被媒体贴上“霸气”“大心脏”标签的运动员，也不是内心永远强大。我们和一般人不同的地方，只是在最关键的时刻，我们有方法去唤醒最强大的自己，否则，在瞬息万变的赛场竞争中你没有任何赢面。

NBA 球星勒布朗·詹姆斯（Lebron James）从生涯初期开始，打每一场比赛前，他都会往空中撒止滑粉，然后张开双臂，在飘落的止滑粉中，像是接受膜拜的帝王一样。毫无疑问，这个著名的赛前仪式也是一种人设加强的手段，是詹姆斯用来唤起那个好胜的自己的方法，同时也是在向对手宣告，这场球我要拿下了！

说完运动员的例子，回到日常生活中，我们可以如何应用人设加强的办法呢？分成两个步骤：

第一，找到一个最让你有自信的人设。这个人设未必是霸气的，也可能是聪明的、细心的甚至好看的。如果你实在找不到一个会让自己有自信的人设，那你也可以翻翻本书前面的部分，重温关于角色定位的章节。

第二，去做一些跟这些人设符合的事。比如说，很多女生可能都有这种感觉：每次重要时刻上场前，如果你去卫生间补个妆、涂个口红，能够极大地增强自信！

涂一个自己喜欢的色号，似乎就能让自己立刻昂首挺胸。为什么？一样的道理，口红背后代表的是我们心目中一个自信、成功的女性应该有的样子。自信当然会让人变美。同样的，把形象打理好，让自己变好看，这也会反过来加强自己的自信。

我还认识一个年轻人，他每次参加考试前都有一个习惯：考试前一天，把文具盒整理得很周全，铅笔都削好、签字笔一定要准备两支。他这样做的目的是提醒自己，他是个谨慎、细腻的人，有了这种自我认知，他也就不紧张、不害怕考场上犯错了。

你看，就是这一招，能够显著地提升我们的自信心。

最后照例总结本章的内容：

第一，很多时候，不是自我认知指导行为，是行为塑造自我认知。

第二，想要唤醒自己“强大的一面”，要靠特定的动作。

第三，找到自己最强大的特质，主动做一些和这种特质相符合的事。

07 好的对手会让你遇强则强

竞争与潜能

Competition and Potential

简　　述

良性竞争会带来动力增长，激发潜能。

竞争会激发潜能，但是竞争和潜能不是线性关系，而是“倒 U 曲线”关系，要选择合适的对手。

你看待竞争的角度决定了你面对竞争的心态，竞争是挑战而不是威胁。

竞争的意义不是争，而是竞。不是为了打败对手，而是为了更早达到目标。

我的职业生涯一直面临着激烈的竞争，也许是因此，有很多年轻朋友问过我关于考试竞争的问题。他们倒不是怕自己考不上，而是看到周围的同学比自己更努力，心里非常害怕。尤其是看别人复习好几轮了，自己才学一遍，特别着急。

作为运动员，和其他人竞争，这是我们绝对无法避免的一件事，没有胜负心的运动员是没办法赢得比赛的。这一章我从自身和周围人的经验出发，谈谈关于竞争的话题。

大家可能在网上看到过一个著名的段子：张怡宁为什么选择退役呢，是因为她已经没有对手了。

先不论真假，这句话倒也有几分道理。有一个好的对手，对于每一个运动员来说都非常重要。

张怡宁在巅峰时期的水平大家是有目共睹的。从2001年拿到职业生涯第一个世界冠军之后，2004年雅典包揽女子单打和双打冠军，后来的2005年和2008年，又陆续拿到世锦赛和奥运会的冠军。

我们都说看张怡宁打球没什么悬念，她本人比赛也非常淡定，但在2004年之前，张怡宁尚未达到今天说的独孤求败状态。事实上，王楠就多次战胜过张怡宁。从 1999 年到 2003 年，在最重要的世乒赛赛场上，王楠连续三次击败了张怡宁。可以说，在张怡宁达到运动生涯巅峰之前，王楠压制了她很多年。

但是我觉得，和王楠比赛的这些年，虽然是张怡宁走过的最艰难的一段路，但是正因为有战胜王楠这个目标，她的整体实力才能迅速提高。

后来 2008 年北京奥运会女单决赛，张怡宁在先失一局的情况下逆转赢了王楠。我们当时都可以看到，两个人比赛过程中都很拼，王楠比赛后接受采访时还说："在最后一局时，我其实已经知道扳不回来了，但我一直在跟张怡宁磨，在场上一分一分去咬。"所以大比分拉开后，王楠也没有放弃，可能因为是退役前最后一场比赛，也可能正是因为对面站的是张怡宁，不管输赢，她们俩都要拼尽全力。

等到王楠退役，张怡宁也少了最强力的对手。

类似的例子太多太多了，都说中国乒乓球队的队员赢世界比赛不难，能在全国比赛里拿奖那才叫难。因为在国家队大家都水平相当，比赛反而更加激烈，为了争这一个冠军，也就需要付出更多努力。

就我自己而言，虽说拿了很多金牌，但我知道身后有很多对手在盯着这个位置。如果我放松一点点，他们就会研究透我的打法、我的技巧，然后下一次用新的方式来对付我。所以，我必须不断归零创新，才能稳稳站在这个位置上不动摇。

保证自己不被对手打败是我最大的动力，我就是在竞争的环境里不断激励自己去挑战新高度。所以，当有人问我："我老是拿自己和别人比较，这个心态是不是不正常？"我觉得，有对手反而是你在进步的一个标志。

我们常常说做事要找到动力，但是动力从哪儿来？如果我在打乒乓球的时候没有对手，我还会不断琢磨新的打法吗？

其实这个道理很简单，竞争就是人的本能。这就像在自然界，如果没有天敌，任何一个物种都可能灭亡。但是为什么那么多人还是害怕竞争呢？我觉得，这取决于你看待竞争的方式。

我曾经讲过这样一句话："怕输就会紧张，想赢就不会。"好多人都问我，这句话到底是什么意思？

说到底，这其实就是，你用什么心态去看这件事，是积极心态还是消极心态？竞争对你来说是挑战还是威胁？这些道理说起来挺直白的，但是我发现很多人都没有意识到，他们只把竞争当成你死我活的比赛，而忘了竞争原本的意义。

积极心理学里有一个经典的论断：你的关注点决定了你看到的现实。一位心理学教授在课堂上给学生看了一张图片，让他们在30秒内数出图片中有多少形状。结果30秒一到，教授突然提问：图片里有多少人啊？学生们都很惊讶，因为不少人甚至没发现图片里还有人！

所以，现实是什么样取决于你看待世界的角度。如果你老是盯着别人而不是自己的目标，那竞争可能就会丧失它的意义。

我后来还发现，在不同的行业，顶尖人士对于竞争的理解本质上是相通的。

比如我听美团CEO王兴先生说过这么一段话：“竞争的意义在于竞，不是争。不是为了击败商业上的对手，而是为了比对手更早达到目标。”他还做了这么一个比喻：我们和竞争对手的关系就像在开车，你要时不时看一眼后视镜，但是你不能盯着后视镜开车。

在竞争激烈的商业领域中，你将目标锁定在对手身上，就很可能逐步丧失自己的优势。

我们再回到本章开头那个问题上，为什么看到别人的努力，自己就会那么焦虑呢？除了上面说过的问题，我分析，还有可能是你选错了比较对象。

其实从前面举的例子里不难看出，在水平相当的情况下，竞争才有激励作用。

《输赢心理学》这本书里提到，有一系列研究发现竞争会激发潜能，但是竞争和潜能不是线性关系，而是“倒U曲线”关系。也就是说，对手太弱，不足以给你动力，但是如果超出一定的限度，竞争的强度过大，反而会让人直接放弃。

所以，对于面临考试的同学，我建议你可以找一个对手一样的伙伴，但是最好还是和你情况、水平类似。这样，你们才可能互相激励、共同进步。

最后总结一下本章内容：

首先，如果你遇到了一个竞争对手，那恭喜你，这可能标志着你在进步。

其次，怎么看待竞争取决于你的关注点，竞争是挑战、是机会，而不是威胁。

最后，选择一个合适的对手才能给你动力，也不让自己太有挫败感。

其实竞争永远不是最终目的，真正目的是不断挑战，自我成长。

二　效率提升

08 执行意图：

大脑服从“自动程序”，对抗拖延症

执行意图

Implementation Intention

提炼出处

纽约大学心理系教授 Peter Gollwitzier。

简　　述

拖延症产生的一大原因，是大脑会在决策时纳入各种意外因素进行考量。也就是说，偷懒总会战胜坚持。因此，如果能有针对具体场景的“预先设定”，大脑就可以跳过决策阶段，自动自发去完成你设定的任务。

适用场景

锻炼、学习场景、处理每日待办琐事。

使用方法

在大脑里设定公式：“每到 X 场景，就要做 Y 事”。

每个人都有雄心壮志，但只有赢家才能付诸实行。你准备好成为更不拖延的自己了吗？

这一章先来说一说我的经验：我是如何在退役以后，从 26 个字母都认不全，到后来英文程度好到可以让我拿到剑桥大学的博士。更重要的，我会帮你从我的经验中提炼出一个专业心理学的小技巧，让你能像控制电脑程序一样控制你自己，自动自发去做一件事。简单来说，就是让你在不想读书学习的时候还能自动自发去读书学习，让你在不想工作的时候也能够自动自发去工作。

这种效果听上去是不是很神奇？其实，大多数运动员尤其是顶尖运动员都有这个能力。

你肯定看过一种报导，说运动员尤其是最顶尖的运动员训练都特别刻苦。这话说得没错。但是，这种报导通常也会说运动员有多么热爱各种训练。这话就不完全对了。就我所知，很多优秀的运动员训练都很勤快，但你问他喜欢训练吗？他应该会说："训练有时候也挺烦的"。

这是不是跟你想象的不一样？我说得更直接一点，基本上，顶尖运动员都掌握了一种小方法，就算我们并不特别喜欢做一件事，觉得这件事枯燥乏味，我们还是能坚持去做。

如果我说自己做运动员时不太喜欢训练，你可能不相信。所以这里要讲讲我学英语的故事。

24 岁退役后，我被当时的国际奥委会主席萨马兰奇先生任命为国际奥委会委员，但问题来了，奥委会委员是要说英语的啊！这代表我必须要去学英语啊！可是我打了一辈子的乒乓球，根本没什么时间学习，英语当然好不了。大家可能不了解我的程度多差，我就连 26 个英文字母都认不全！在这种状况下，我要把英文学好真的要下很大的苦功夫。

我给自己定了计划，一切从头开始，从第一个字母、第一个单词背起，一天保证 14 个小时的学习时间。每天早上 5 点准时起床，读音标、背单词、练听力，晚上就整理讲义，温习功课，直到深夜 12 点。

这个计划执行起来太吃力了。一开始，我还能靠“打鸡血”强行支撑，但很快就发现，人的意志力是有限的，我也会有倦怠甚至想拖延的时候。比如有时候学得太晚，睡得不好，我也会想要赖床；打开书本后，我偶尔也会觉得不想学习、不想背单词，想去做其他事。

我很诚实地说，和你一样，我当然也不喜欢背单词，我当然也觉得每天做同样的事很枯燥。但是，我还是坚持了我的学习计划，每天学习英语 14 个小时，持续了三年。

我是怎么办到的？简单说，我把背单词这件事想象成在训练场练球。说得更具体一点，我清楚地告诉自己：学习就像到了训练场，马上要练正手击球 500 球，一坐到书桌前，就要先背 20 个单词！就这么简单！

我不断地告诉自己，到书桌前不管怎样就是要背 20 个单词，并且一次又一次实践，到了后来，如果坐在书桌前却不背单词，我还觉得难受。就凭这种条件式反应，三年后，我在清华的毕业典礼上，是全程用英语向老师致辞的！

学英语的人那么多，但我能成功是因为什么？一般人在做计划的时候，都不会考虑到各种临时的状况，也通常都会高估自己的意志力。

很多人的目标可能是每天背100个单词，但大部分人到了最后都会去找各式各样五花八门的理由，说服自己今天可以自己放一次假，不用那么辛苦。

拖延了一次，就会继续拖延第二次、第三次。但是为什么顶尖运动员通常没有这种问题？为什么我们即使不喜欢训练，还是可以坚持训练好几年？这是因为，我们这些运动员已经锻炼好自己的大脑。面对枯燥的训练，我们是用条件反射去督促自己锻炼。

以我为例，以前我每天去晨练都要练习挥拍几千下。我的教练会反复对我说，我也会反复对自己说：邓亚萍，如果到了球馆，你就是要马上打500个正手拍！久而久之，我的大脑就好像被写入了一个程序，看到球馆，就算身体很累、心里也不想练习，但我还是会很自然地拿起球拍挥个500下，不挥都不行。

后来我才知道，这是一种心理学现象，叫“执行意图”，用一句话来描述，意思就是：大脑不喜欢你给它问题，大脑喜欢你给它答案。

什么叫大脑不喜欢你给它问题？你理性上想好好学英语，但感性上却又觉得背单词很烦，这对大脑来说就是一个问题。大脑不喜欢解决问题，最后就是掷色子，有时候理性赢，有时候感性赢。

但如果在问题发生以前，你曾经给自己明确设定过一个答案呢？那你的大脑就会很乐意，依照你下过的指令去做。

这种指令，是不需要经过思考，在潜意识中完成的，也就是说，就算你心里很纠结，你的身体也会自动自发去做。

这个心理效应就是顶尖运动员的秘密。顶尖运动员也是人，重复同样的事情，心里也同样会倦怠。但顶尖赢家跟普通人的差别是什么呢？赢家靠着执行意图还是能坚持下来。

解释完原理，来说说具体该怎么做。简单来说，就是把你要做的事和一个具体的场景连结在一起，用一个非常明确的条件句告诉你的大脑：一但我到了X场景，我就要做Y事。

比如我说过的，一到书桌前就背20个单词，或是一到公司就马上和3个客户沟通，甚至是一起床就听一段音频课程，这些都可以。

聪明的你肯定能够举一反三，以此类推。只是我要提醒你，运用执行意图这个技巧也有两个注意事项：

第一个注意事项，这个条件句——不管是场景还是要做的事——越明确越好。不管是从我的经验，还是从专业的运动心理学来说，越明确的场景和越明确的待办事项，越能发挥好效果。

第二个注意事项，执行意图这个方法需要你通过不断实践来加强条件反射的熟悉程度。尤其在刚开始使用这个技巧的时候要更注意，尽量不要破坏给自己定的规则。有了X场景，就一定要做Y事；坐到书桌前，就一定要背20个单词，这样才会加强你下意识的条件反射。

最后总结一下本章要点：

第一，大脑不喜欢僵局，大脑喜欢你给它具体的指示。

第二，要给大脑明确的指示：我到 X 场景，就必须做 Y 事。

09 例外控制：如何既保证休息，又保证高效

例外控制
Exception Management

提炼出处

纽约大学心理系教授 Gabriele Oettingen。

简　　述

人天生具有惰性。因此，在制定计划之前，要预先设想执行过程中可能遇到的阻碍，并为这些阻碍设置好备案。

比如计划跑步，就必须预料到自己可能会加班太累、不愿出门，备案可以是在家仰卧起坐。

适用场景

读书太疲倦，需要打个盹；工作压力太大，想刷会儿抖音。恰当地应对疲倦、压力，能够张弛有度。

使用方法

预先设想可能发生的例外状况，并提前做好备案：如果发生 X 例外情况，那么就应该做 Y 事。

咱们的媒体习惯于把顶尖运动员描述成铁人，他们为了训练可以永远不用休息。不把他们当人，而把他们当神。其实，真正有效率的人都懂得休息、放松。

本章要谈的内容，就和我的“人设”不太符合。因为我要重点说一下放松和休息的技巧，聊聊我们该怎么做才能够在保证休息质量的情况下，避免更严重的拖延症。

大家可能要说了：你不是前一章才教过我们怎么像机器人一样对抗偷懒吗？

没错，执行力的最高境界是和机器人一样，做了计划就能执行。但就算是机器人，也需要定期检查维修。咱们终究是普通人，有些特别的例外状况，适当的放松也是必要的。

我自己学英语的经验也是如此。因为我每天都学习超过 12 小时，有的时候实在是太累了，这时候硬要爬起来，也是迷迷糊糊，不仅单词背不进去，书读了也记不住。索性还不如多睡半小时，等精神更好一点，才能事半功倍。

读书如此，运动也是一样。现代的运动科学会及时监控运动员的身体，如果肌肉过于疲劳了，教练肯定

邓亚萍参与公益活动

也会叫停训练，让你休息调整一下再来。所以我们要明白一件事：千万不要要求自己一直工作、一直学习。比偷懒更可怕的，是时间耗费在自我责备中，同时还一事无成。

但是，给自己放松的最大问题，是要防止“开小差变真偷懒”。原本只想眯个十分钟，结果睡了一小时，或是睡醒后就想多玩两下手机。这种偷懒的状况，是不是你也经历过？这种情况在运动员身上其实同样常见，我称之为“开小差变真偷懒”。

很多人都知道，运动员最害怕的是伤病。但是，一方面是当前医学有很大进步，可以有效控制伤病；另一方面，很多时候，身体的状态也并非必然会影响比赛表现。

洛杉矶快船队的球星保罗・乔治（Paul George）在遭遇严重伤病后，打出了生涯最佳的表现；而我自己更是在伤病缠身的状况下，还拿到1996年的奥运金牌。所以很多时候，最可怕的不是伤病本身，但是它会消磨人的意志，让人的精神松懈，进而脱离高强度的竞争状态。

遇到伤病的时候，运动员会突然拥有大量的休息时间。在这段时间中，一般要求绝对休息，啥都不能干。一下子松懈下来，一些人身材就开始走样了，也有一些人心态就松弛了。

总之，这些人就算伤病痊愈，也基本废掉了。换句话说，伤病不可怕，这种“伤病变偷懒”的心态，才是最可怕的。

无论是开小差变真偷懒，还是伤病变偷懒，背后的问题是一样的。所以重点是，比起那些心态松弛的运动员，为什么有些运动员能从伤病中振作？差别在于一个小技巧，这个技巧就叫“例外控制”。

面对突如其来的休整，松弛下来的运动员真的会像放假一样，原本要用来训练的时间，就用来打游戏或做与训练无关的事。但能够从伤病中走出来的运动员都有一个特点，即使是什么都不能干的状态，这些运动员还是会制定严格的训练日程，包括对比赛视频进行复盘，适当的康复训练安排，连休息、吃饭甚至睡觉的时间，都规划得一清二楚。

这两种运动员的表现究竟差在哪？其实跟意志力没多大关系。

从心理学的观点来说，人一旦想要开小差，想要休息一下，这种时候，感性的一面通常就会接管大脑，那理性的一面就没啥事了。

这也就是为什么那些让感性接管大脑的运动员，会整个垮掉；这也是为什么明明只是想打盹五分钟，最后就会拖延犯懒，一个小时甚至半天都给耗没了。

反过来说，为什么厉害的运动员能够在伤病中还坚持好的表现？就是因为虽然处于休整阶段，但他们还是能用理性掌控大脑，甚至是靠潜意识去控制自己。

这是怎么做到的？

其实方法很简单，就像上一章讲到执行意图时说的一样：大脑喜欢事先设定的答案。如果你早就已经设定过该怎么应对例外状况，那大脑就更有可能乖乖听话。厉害的运动员是用详细的计划控制自己在休整时不被偷懒的情绪接管，这就是一种例外控制的做法。

在日常生活中我们怎样使用这个技巧呢？简单来说，就是提前设定一个条件句："如果发生X例外情况，那么就应该做Y事。"这里的Y事，就是根据你的状况，可以被接受的休息计划。

同样以早起背单词为例，你可以提前就对自己设定：如果早上真的起不来，那可以允许自己多睡半小时；如果还是困，那么先起床刷个牙，不用背单词，出去跑步。如果中间单词背不下来，那么可以听听音乐、鼓鼓劲。

虽然多睡半小时或是出去跑步看起来都是放松，但是比起让感性彻底接管大脑，睡掉一个早上，这已经是相对有效率的方式了。有了这些设定，就可以控制自己，在遇到例外状况想要放松的时候，不会一放松就松懈、一放松就崩溃。

因为遇到这些例外状况，首先启动的是你的理性，你马上就能找到事先做好的预案。而不是手足无措，立刻被感性接管大脑。

当然，设定例外状况也有注意事项。

第一，对应不同的例外状况，采取的行动一定要明确。比如，你可以说“早上起不来，那就多睡半小时”；但你不能说“早上起不来，就睡到饱为止”。

第二，就算有例外状况，整体的目标也不能有大的变动。比如今天预计要背 100 个单词，因为起晚了，只能背 80 个。那少背的单词呢？就要平摊到接下来三天里，每天多背一些单词，不能让例外状况干扰到整体进度。

总结一下本章内容：

第一，不要强迫自己一直工作或学习，主动放松才能更快进步。

第二，休息的时候，感性大脑很容易就会接管大脑，让人控制不了惰性。

第三，可以设定一个“如果发生 X 例外情况，那么就应该做 Y 事”的条件句，拒绝感性接管大脑。

此外，WOOP（wish，outcome，obstacle，plan）思考法是对习惯养成和计划执行非常有帮助的一种方法，在此郑重推荐给亲爱的读者们，可以自行了解实践。

10 挑战清单：

学一招，就能找到自己的最好状态

挑战清单

Heat Check

提炼出处

匈牙利心理学者 Mihaly Csikszentmihalyi。

简　　述

运动员之所以觉得在顺境中比赛难度降低、自我能力增强、运气变好，完全是因为内在信心的累积，产生自己很强大的错觉。

因此，对普通人来说，调节个人状态的最简单方法就是强化或者制造这种错觉。

适用场景

不局限于重大事件，在日常生活中也可借此方法调节自己的心态。

使用方法

在重大任务开始前，先给自己设定一个有难度、需要挑战的目标，测试自己的状态。

顶级运动员能够随时调整自己的状态。就像广告说的一样，想轻松就轻松、想振作就振作。

有不少年轻朋友曾向我提问，想了解怎样在距离考试一个月的时候逐步调节自己的状态。类似的问题还有，比如下午就要见客户了，要去谈判了，或者要上台演讲了，有没有什么特效方法，能够让自己尽快进入最佳状态。

这一章要介绍的技巧就和这些问题有关系。我将尝试告诉大家，怎么做才能找到自己的"高能时刻"。

先来了解一下什么是高能时刻。在这种状态下，我们往往注意力非常集中，能够全神贯注地投入。不仅如此，我们往往还会觉得自己的运气还特别好！这种时候你一定有过。

打个不恰当的比方，你肯定打过扑克牌，也许有过这样的经历：某一次手气特别好，怎么打怎么有，想要什么牌就有什么牌。

你觉得这是运气的问题还是技术的问题？你之后有没有再努力过，再次进入这种"兵来将挡、水来土掩"的状态呢？

这就是我说的高能时刻。我自己就有大量类似的体验。

1991 年的世乒赛女单决赛上，我碰到的是朝鲜运动员李粉姬。两年前，我刚输过她。按道理来说，都打到决赛了，身体应该很疲倦或者很僵硬才是。但那场比赛我至今印象深刻，全场我都打得很顺！

她的接发球手段比较单一，所以我就全场调动，一左一右。她是越打越累，而我则越打越顺！有些球明明很难接，但我就是能接到，而且感觉每个球都能杀回去！自己的气势越来越盛，感官敏锐、反应也快。最终顺利地 3∶1 获胜。

所以，这种高能时刻或者说你想进入的最佳状态，距离我们并不遥远。那么问题来了，这种状态，背后的原因是什么？

匈牙利知名心理学家 Mihaly Csikszentmihalyi 专门花了十多年研究这个问题，他最终总结道，这种状态其实根本没有什么科学上的理由，不是说早上吃个鸡蛋或者巧克力之类就能帮你进入最佳状态。为什么呢？因为本质上，这就是一种“自信心的循环”。

他解释说，你之所以觉得运气越来越好，并不是真的有什么幸运之神在眷顾你。其实就是你自己的自信心在不断累积。

你打好一球，你的自信会上升一点；你再接着打好一球，你的自信心再往上爬一点。最终进入一种我们现在流行说的“心流状态”。你开始变得无所畏惧，哪怕真的遇到一点小波折，也不会放在心上。

所以专家研究这么久，最后就发现整件事其实特别简单，还是一个人内心自我认知的问题。

但是别急。

虽然说高能时刻背后没有什么特别惊人的原理，但专家却发现，还是有方法能够帮助我们主动找到这种高能时刻。

简单来说，进入高能时刻的秘诀就是要说服自己：我今天状态真好！有了这种信心，你才会对自己有正面的预期，状态就真的会越来越好。

但是问题来了，你不能骗自己呀！天天对自己说“我今天真的很棒！”你信吗？我自己是不信。

前文反复说过，你光对自己说“我很棒”，没用。纯粹主观的东西，骗不了别人，也骗不了自己，所以还是得找一些客观的证据。

厉害的运动员就比较聪明。例如NBA的两届MVP（最有价值球员）、金州勇士队当家球星斯蒂芬·库里（Stephen Curry）就有一个秘诀，可以让自己快速进入最佳状态。

库里在比赛最开始的几分钟，会去投一些特别离谱的球。比如在超远的地方投三分，或是明明有很多人防守，他还是硬要投篮。

听起来特别奇怪，对吧？为什么他不去打一些比较合理的球，稳稳地拿分呢？

其实这是他的一个小技巧，他称之为heat check，我们可以按照字面意思理解为“手感的热度检查”。

检查什么呢？检查自己今天的状态如何。如果这种很难的球我都能投进，那代表我今天手感很好！接下来打每一球，就都会很有自信，自信来了，自然而然就真的会打好了。

但没投进怎么办？没事啊！反正本来就很难进，投不进很正常，那就稳稳打吧！

你看，这是多高明的一种自我说服方法！

所谓 heat check，它的绝妙之处在于：做到了，说明我今天状态上佳！做不到，那也没什么，就稳扎稳打。没有一种状况是失败的！

有些评论员批评说，这种心态不正确，因为有没有投进球其实就是概率问题。但我觉得这就是外行话了。

真正在球场上厮杀过的人就知道，这种战术反而体现了运动员的智慧，它把概率问题变成自己的自信心来源。

不只是库里这样，另一位传奇球星科比·布莱恩特也有类似的习惯。他把这种高能时刻称为 the zone，中文大概可以翻译成“化境”吧。科比认为，在进入 the zone 后，自己的专注力得到极大提升。

这是科比很私人的体验，他有一部纪录片专门介绍该如何进入 the zone；怎样利用各种挑战性的任务调动自己的状态，让每次进攻都能够得分，让每次防守都能成功。

上面提到的技巧现在已经不是运动员特有了，被广泛地运用在各种心理培训中，专家把它叫作“挑战清单”。

具体怎么做？你需要牢记一个核心理念：在你的任务开始前，或者刚开始的时候，去尝试一些比平常难做一点的事，让你觉得颇有挑战但即使失败也不会怎样的事。

有一次，我向合作制作音频课程的喜马拉雅的编辑介绍了这个方法。一段时间后他见到我就对我说：亚萍姐，这招特别有用！

据他说，以前他每次想宣传文案，都要花很长时间，一拖再拖。拖到最后，又觉得自己效率很差，整个人变得很低落，恶性循环。

学了这个方法以后，他每天一到公司就会花半个小时想文案。如果想出来了，他就会觉得今天果然状态很好，脚步都轻了起来。接下来，不管是想运营策略还是沟通各个部门，甚至连一些简单的日常行政事务，他都做得很愉快、很顺手，效率很高。假如没完成，也没事，这就是他的日常嘛，接下来按部就班继续工作，对自己的状态也没有任何影响！

所以我建议读者可以给自己列一个清单，上面写一些你觉得有点难度，但做好了会很有成就感的事。比如一道很难的数学题，一个很难沟通的同事，甚至如果你是一个带孩子的妈妈，那挑战清单上可以写让老公帮忙打扫卫生。

总之，在每一次遇到挑战的时候，先去完成挑战清单。不管结果如何，对你都有帮助。

总结一下本章内容：

第一，好状态其实是一种自信的循环。

第二，要说服自己相信“我的状态很好”，需要一些客观的证据。

第三，可以利用挑战清单先去做一些有挑战性的事，做好了，那就会很有自信了。

11 刻意练习：搞对重点，明确计划，获得高效的正反馈

刻意练习

Deliberate Practice

提炼出处

心理学家 Anders Ericsson。

简　　述

盲目地投入与一味地模仿可能并不会带来成功。只有抓住事情的重点与本质，制定精确清晰的目标，才能轻松达成事半功倍的效果。

适用场景

学习、工作、训练等之前，有需要完成或提升的具体任务。

使用方法

学习、工作之前先制定好目标，然后做目标拆解，最后逐步完成。

大家可能听说过一万小时定律，但是只要投入一万小时训练，事情就真的能做成吗？没有清晰明确的目标与重点，投入再多的时间也只能是事倍功半。本章谈谈训练这件事。

我在乒乓球队里需要练习，退役后学英语也要练习，还要练习如何演讲、如何与人谈判，锻炼各种职场技能。

有时参加一些演讲分享，台上都是各个行业的成功者，他们往往会分享自己日常提高的方法和心得。但我发现一个问题——媒体在报道和转载时，结论很不一样。我总结了一下，传统媒体和自媒体还有很大不同。

自媒体最喜欢将成功人士的成功原因总结成先天条件。比如某个领域的天赋，比如什么特殊的机缘。而传统媒体最喜欢做的，就是将成功的原因包装成后天的努力。最好这个人天生啥都不会，什么都不行，完全靠着努力奋斗闯出了一片天地。

我要说的第一件事就是，这两种分析和结论，你最好都别全信。

从我自己的经验来看，每个领域的成功者，即便他非常努力，他也是“聪明地努力”，而不是“无效地努力”。

你可以在网上搜一下“邓亚萍”+“训练”这两个关键词。排名靠前的文章标题往往是“乒乓天后邓亚萍，训练强度如此之大，才拥有如今的成就”之类。这标题我自己读出来都怪怪的。而文章内容也不外乎说我从小开始负重训练，每天额外要打 1 000 个发球，甚至要用铁拍来训练。然后总结说，邓亚萍从小身体饱受煎熬，还能一直拼搏，不愧是中国乒乓球的骄傲。

如果有任何一个家长按照这篇文章的说法去训练自己家的小孩，我敢说肯定完了。这个小孩肯定练不出来，也肯定不会喜欢乒乓球。

为什么呢？因为这篇文章的作者完全弄错了训练的重点。

我为什么要负重训练？为什么要在腿上绑 30 斤沙袋？这是因为我身材矮，这个问题不是我能解决的。遇到那种会大范围调动对手的选手，我就会很吃亏，毕竟我跑不过来。所以我要绑着沙袋训练，目的是锻炼自己的步法。

想象一下，当我把沙袋拿下来是什么感觉？像飞起来一样，没错。所以这个锻炼方式最主要解决的还是我身高不足的问题。

那么，如果读者家的小孩身高已经一米六、一米七了，还把沙袋绑腿上，要求他一定绑足 5 个小时，这就弄错了重点。不是说不要练步法，但你家小孩有更重要的训练目标。

所以，我要说的第二件事，就是不要照搬网上那些成功的秘籍。就算人家全说实话，每个人的状况不可能完全一样，适用的方法自然也不尽相同。

接下来要强调的第三件事就是运动员的优势了。

进了省队、国家队，我们都有很专业的教练陪着。这一点导致我们和同龄人不一样的是，我们从很小开始就可以接受有针对性的训练。正手不行？练正手。搓、挡、攻、拉，这些基本招数都是一样一样训练过来的；摆、拧、切、晃、撇、反拉，这些方法也会有教练对你做个人分析。

而同龄人都在学校，学的东西大致一样，老师一下子也管不过来四五十个学生。所以确实是都在吃大锅饭，不能很快地发现自己的优劣势。这时候最忌讳的就是不讲方法、不讲侧重点，一门心思苦学苦练。

有本关于自我训练的书叫《刻意练习》，很受读者欢迎，也许大家有所耳闻。但你不知道的是，整个刻意练习理论的背后，就是运动心理学的基础。

该书作者埃里克森认为，我们听到过的关于训练和练习的最大误区就是一万小时定律——不管什么事，做到一万小时就一定能成功。这导致很多人盲目投入、盲目训练。但真正影响最终水平的，是你训练的质量。

刻意练习要求你的每个动作都有精确定义的目标和计划，而且要有有效的反馈。简单点说，就是别傻练，先找到自己的优劣势，然后有针对性地去提升。

我在乒乓球队确实很辛苦，每天各种训练七八个小时不止。但辛苦之余，我更是讲重点的。每天去训练场，先练什么、后练什么，这都是有讲究的，甚至在每一项专项训练中也是有讲究的。比如先练习 100 下正手，这项训练，我不仅是在挥拍，同时有不同步法、不同发力特点和旋转特点的训练。时间久了，训练场地的空气干湿度、不同胶皮的特色，都会成为我肌肉记忆的一部分。

酒店的大厨和咱普通人切菜的区别在哪？人家也要做刀工训练，但从来不是傻乎乎地去切萝卜那么简单。他们训练时每个手指的位置或不同食材、不同刀具的选择，都是有目标的。如果训练只讲一个苦功夫，那一定是事倍功半。

再举一个乒乓球队内部的例子，你就更明白了。

国家队训练时，经常会在乒乓球台上涂厚厚一层蜡，这样会使球台更加光滑，球的线路会更难以控制。之所以这样做，是因为国内的乒乓球台面有点涩，而国际比赛的台面要光滑一些。所以为了尽快适应，我们就在训练里增加难度，比赛时才能更得心应手。

我后来退役学英语也是一样的道理。如果觉得每天背 50 个单词就足够了，这就是傻练。你挑选哪些单词？用什么方法记忆？单词的发音是否准确？这些我都要提前做好设计。

再有，为什么我们总觉得和伙伴一起学习、训练效率会更高？不仅是因为有人陪伴，更重要的是刻意练习中的观念，你需要有人和你一起随时复盘、随时给出反馈。

虽然在我打球那个年代，埃里克森还没有提出刻意练习这个概念，但我在实际操作时，就是先给自己制定清晰目标，然后做好动作拆解。

最后来做本章总结：最核心的重点是，不要盲目相信一万小时定律，更不要觉得精神的力量可以搞定一切。训练时要采用刻意练习的方法，制定好具体目标，获得足够的正反馈，这样才能逐步提高。

12 微习惯：轻松告别拖延症

微习惯

Mini Habits

提炼出处

美国作家斯蒂芬·盖斯（Stephen Guise）的《微习惯》（*Mini Habits*）一书。

简　　述

微习惯是一种非常微小的积极行为，小到不可能失败，不会给你造成任何负担，而且具有超强的“欺骗性”，它也因此成了极具优势的习惯养成策略。

适用场景

碰到复杂、麻烦的任务或目标，不知道如何开始时。

使用方法

把大目标拆开，简化成微小的、做起来一定不会失败的小步骤。

对运动员而言，执行力至关重要，拖延是最大的敌人。同样，拖延症对普通人而言也是大家都头疼的问题，很多人向我咨询过如何克服拖延症。

我们之前已经介绍过几个方法，比如执行意图、例外控制，但对部分意志力稍差的读者来说，实践起来可能会面对有心无力的烦恼。本章进一步探讨如何增强执行力的问题。

首先必须纠正一个常见的认知误区：尽管前面总在说意志力，但拖延症大部分情况下和意志力还真没关系。

以我自己为例，相信大家都不会说你邓亚萍意志力不强。无论是运动员时代还是退役后，我一向是雷厉风行的性格。我也一直把较强的意志力当成自己的长处。

但我得向读者坦白一件事，无论是完成工作内容还是平常去参加一些演讲活动，我最怕的一件事情就是写稿。

不是说我不知道该写什么。因为每次上课的主题、每次演讲的内容，我其实心里都清楚，有些演讲我还反复讲过好几次。

但我就是很难下笔。

大家日常可能也要面临一些要动笔的写稿任务，可能也体会过这种卡壳的感觉：电脑准备好了，茶水饮料也摆好了，甚至创意、框架都想好了，但你就是写不出来！

我在喜马拉雅的音频课程，每节课语音时长大概七分钟，文稿两千多字。如果光计算打字时间，那一个小时都绰绰有余。但真实情况是，每一篇稿子，没有一天时间一定是熬不出来的。

你明明知道该做什么，明明知道核心论点是什么，但就是不知道怎么下笔。

我在网上查过后明白，这就是标准的拖延症！所以就算是我，也一样会面临拖延症的问题。

我专门请教过研究拖延症的心理学者。他们说，目前主流研究一致认为，拖延症和意志力并没有直接的关系。如果你去翻一本叫《拖延心理学》的书，美国加州大学的两位研究者在30多年前就证实，拖延症是一种心理综合征。

举个例子。有很多时间管理方法都会建议，我们做事情前要先区分一下什么是重要的、什么是紧急的，然后画一幅如下的四象限图：

但一实践起来我们就发现，无论想象得多好，到最后还是会先做那些“不重要且不紧急”的事情。

为什么呢？

因为我们脑海里最喜欢、最享受的，是看到自己的日程表里能够划掉一件事情。因此，人们才不会管什么重要不重要、紧急不紧急，一定是先做那些最容易、最轻松的事。有人总抱怨自己做事容易被打断，但他手机来个微信，就马上会拿起来看一看。为什么？因为拿手机看微信这个动作很容易啊！顺手就能把它做了，所以你才会控制不住自己。

当你觉得自己效率不高时，不要轻易和意志力联系起来，要先想想自己是不是总是去做那些最容易完成的事。

知道了原理，具体怎么办呢？

我们已经知道，驱使自己去做一件事的不是意志力，不是自我鼓励，而是正面的、积极的反馈。那么解决方案也很简单，就是把所有复杂的事情都拆成最简单的一步一步，这就够了！

比如每天早点休息很困难，但比昨天早睡 5 分钟，这总做得到吧？每天读读书很难，那每天只读 5 页，这总能做到吧？

体育界有个传奇人物叫山本田一，是一位活跃在 20 世纪 80 年代的日本田径运动员。在 1984 年的东京马拉松邀请赛上，他作为亚洲选手获得冠军，打破了非洲运动员的垄断，因此那时候非常出名。

记者们都想去挖掘他的秘诀。结果山本说，其实自己的经验很简单："每一次比赛之前，我都会将比赛沿途一些比较醒目的标志记录下来。例如，第一个标志是博物馆；第二个标志是银行；第三个标志是一座别具一格的房子……就这样，当比赛尚未正式开始的时候，我就将这些标志作为征服的目标，每当经过一个目标时就会觉得自己又获得了一些巨大的能量。在这样不断征服的过程，轻而易举地跑完了整个赛程。"

在运动心理学上，这个方法有人总结叫"微习惯"，最早提出这个概念的是美国人斯蒂芬·盖斯。以前我们制定目标，都会告诉自己不能选太容易的，要目标高远，至少是那种要踮踮脚才能够得着的目标。但微习惯恰恰是把这些目标拆开来，简化成很微小的、做起来一定不会失败的小习惯。

所以有人说，微习惯又叫"绝对不可能失败"的培养习惯的方法。在改变的路上，通过每天微小的行动做到长期坚持。

回到开头，我现在是怎么解决写稿的问题呢？就是一招：什么都不想，先开始写！先不去想构思完整的篇章结构，不去想要把所有的资料和素材都搜集全，不去管起承转合，先开始写！

遇到不确定该怎么表达的、措辞不精准的，不管它，跳过去，继续往下写！等写完了，再回过头来一个个修改，这样做效率比之前要高很多。

当我在这样做的时候，就能体会到，只要自己迈出第一步，就会有信心做得更好。

最后总结一下本章内容：

第一，拖延症和意志力并没有直接关系。之所以有拖延症，是因为我们总习惯于去做那些最容易完成的事。

第二，基于以上原理，解决拖延症的方法就是运用“微习惯”，把那些复杂的、麻烦的任务变成一个个简单的小任务。

13 注意力太集中才会效率低？

美国国家射击队经常玩一个小游戏。据说队里的一个心理辅导师会在训练结束后带领队员们到一个安静的房间里，然后请队员们坐好。干什么呢？就一件事——听呼吸。

辅导师会请队员们闭上眼睛，专注地去感受自己的呼吸，把所有注意力都放在自己的呼气和吸气上，感受胸腔扩张、空气进入肺部的感觉。与此同时，他会给队员们计时，看看他们能坚持多久，保证注意力不会转移；大概要多久时间，队员们会分心去想其他事。

据说普通人做这个实验都会对结果非常意外。一半以上的人都无法坚持 30 秒以上，其中大多数人还觉得自己已经坚持了至少 1 分钟。

而美国射击队里最优秀的选手基本能坚持 5 分钟以上。30 秒和 5 分钟，这就是普通人和顶尖选手在注意力上的差距。

在中国国家队，对注意力的关注，对提升运动员专注能力的训练，是一直就有的。前文我也介绍过思维阻断法，主要是关于怎样在关键时刻集中注意力。

有人会说，普通人的日常工作和生活中没有那么多关键时刻，但同样觉得自己容易分心、很难专注。这怎么办呢？还有一些方法可以尝试。先从最简单的说起，给自己列一个“not to do list”(不应做的事列表)。

很多时间管理培训老师都会说，每项工作或者任务开始前，都要给自己列一个“ to do list”（应做的事列表)，这样做事才有条理。

但我的经验是，你同时要有一个“ not to do list”。我们可能会不时在脑海里提醒自己，工作时不能分心、不能看手机、不要刷微博，但这些琐碎的事，如果不把它们正儿八经列出来甚至写下来，我们彷佛永远记不住。

这是第一步，顶多算个小窍门，但还不够。本章重点要介绍的是第二个方法，我称之为“主动分心”。

我们什么时候最难集中注意力？很多人的答案是：

处理一件复杂的事情时。但我的经验恰恰相反，我反而是在做一些很简单甚至很机械的事情时，最容易走神。

这好像有点反常识。举一个例子。有机会去现场看乒乓球比赛的读者，如果你坐在观众席最靠前的一两排，能够听到教练员的场下指导，你可能就会留意到：在场上教练员强调最多的，未必是技战术的细节；反而是调节场上选手的心理状态，不断提醒他们要更专注、更兴奋一些。

什么时候教练喊得最多呢？往往不是决赛、半决赛，而是在小组赛上。

最近的案例就是里约奥运会男单四分之一决赛中，张继科对阵日本选手丹羽孝希。第一局张继科状态不好，整个人都不兴奋，5 比 11 输了。场边的刘国梁指导赶紧把张继科叫到身边，恰好他说的每句话都被旁边的直播设备给录下来了。

后来我去电视台做比赛解说，也一眼就能够看出谁在场上状态不好。那些状态欠佳的运动员一看就是兴奋不起来，总是走神。也就是从这种时刻中，我发现走神也好、分心也好，也许有不同的原因。

后来，这个假设得到了专家的证实。还记得前文提过运动员的“心流时刻”吗？我在球场上最兴奋的时候，会觉得自己简直无所不能，场上局势尽在我的掌握之中。

研究这个问题的美国学者克里斯·贝利说，进入心流时刻的必要条件是，你面对的挑战与你的能力之间相互匹配。简单说，如果这个任务太难，明显超出了你的能力；或者任务太简单，你其实可以轻松搞定，那么这两种情况下你都无法进入心流时刻，也就无法达到注意力高度集中的状态。

问题很明确了，注意力无法集中的时候，可能我们要做的不是逼着自己全身心地、更投入地去工作，反而是要主动让自己分心。注意力无法集中，可能正说明这件事没那么难。你是“大炮打蚊子”，把太多精力放在这件事上了，反而无法聚焦。

我听很多人都说过，自己觉得心情烦躁或者效率低下的时候，往往会出去跑一圈。跑步的时候反而会有灵感，一方面是因为血流速度加快，大脑供氧增加带来的效果；另一方面也是因为，我们将部分精力放在了跑步上，这样用剩下的注意力资源去处理工作时，反而恰如其分。

按照专家的说法是，当你发现自己效率低下、注意力无法集中的时候，先别急着去责怪自己，批评自己不专心、不专注，应该试着去处理一件更复杂的工作。这是帮助注意力重新聚焦的好方法。克里斯·贝利还提出了一个概念叫“超聚焦”（hyperfocus），就是描述这种状态。

14 精准练习：快速锻炼出自己的优势

前面的章节一直在介绍提升心理素质的方法。大家关注的除了心理素质，肯定还有身体素质，过去若干年不断有人问我关于身体训练、乒乓球训练的问题。大家都想知道诸如乒乓球这样的运动项目该怎么练，或者如何让自己的孩子爱上运动。

这个问题我还真有话要说。

我儿子一开始对乒乓球并没有那么感兴趣，打得也不咋地。从年龄上来说，他开始专业训练的时间也比较晚了，和同龄的小队员比其实有点吃亏。但即使如此，努力过后，他现在也是堂堂正正的国家二队队员。

我虽然不敢说他未来会有什么成绩，但是至少可以说，他和乒乓球这项运动之间已经有了不解的缘分。有人好奇这缘分从何而来，现在回想起来，真的很简单。

每个人都有好胜心，尤其是体育比赛，赢球了才会来劲。但是以他一开始的水平肯定赢不了人，也不能放水，那怎么办呢？我只给他练一招：发球。

对初学者来说，乒乓球得分最快的招数就是发球得分。我就明白一点，想让他喜欢上乒乓球，就得让他体验到“胜利”的快感。

当然这个过程中也需要很辛苦的投入，比如练习发球的过程，其实很枯燥。发球得练到什么程度呢？一个球台，有几个发球点，在所有点上，你出的球，转、不转；侧旋、上旋、急球，这些都要成为一种“自动化”的反应，要成为肌肉记忆。

小孩子一开始练习的时候经常发“自杀球”，有一天我对他说：“这些点你都别练了，选一个点，你就选侧身位，发直线长球。”而且，为了训练发球精准性，我在球台另一边放了个板子，连续十个球，就让他发到这个板子上。

那天其他的什么都没练，他就发这一个球，发了两个半小时。

以前他每次和别人比赛，每场总会发两三个“自杀球”。但就是那天训练之后，第二天他和别人打比赛，一个“自杀球”都没有了，而且他还赢了。

从此，他就信了我的方法。

我想告诉大家的是，我们都听过一万小时甚至十万小时定律，但我认为，和投入时间相比，训练中同样重要的是“精准练习”。甚至我要说，大家经常会面对一个选择：是要一招鲜，还是全面发展？我的建议是，战略上你得均衡、全面发展，但第一步，你先要做好一招鲜。

你必须要有一个能让自己感受到快感、感受到成功的核心技能。

我小时候练习乒乓球其实也一样。我父亲和其他教练不同，最开始几年，他一直在训练我的正手能力。我的球风就是在那个时候养成的，而我的正手优势也一直伴随我整个职业生涯。

我父亲的意见就是，咱们先得有个绝对优势，然后再考虑均衡、全面发展。

相信不少健身的读者应该听说过精准训练，就是指点对点的训练，根据肌肉的功能和走向进行有效训练。比如说你训练背部，用器械练高位下拉，就是把器械从头顶的高点拉到肩膀，反复进行。很多人可能觉得，这不是挺简单的动作吗？但事实上，整个过程的姿势和器械把手的位置都是有规定的，一旦有变化，锻炼到的肌肉以及锻炼效果其实都会不一样。

这和乒乓球训练一样。我们日常的训练并不是以比赛为主，而是一个一个的技术动作，把它们拆开、揉碎，大量重复练习。

我记得一个关于巴西球王贝利的故事。贝利在演示颠球技术时用一个橘子颠，最后橘子外皮完好无损，里面却稀烂了。所以大家可以想象一下在练习颠球的过程中，就那一个动作，他花了多少时间和精力。

这种训练方法，直到退役之后仍然对我有很大启发。

比如说写文章，为什么好多人都觉得写一篇好文章这么难？很重要一点就是学偏了——练习不够精准。

我当年读博的时候就是这样。写学术文章，我没经过专业训练，经常是对着一堆材料不知道怎么下笔。后来，带我的导师教我一个办法，先不用着急写一整篇出来，就从拆文章开始，了解别人的文章结构。然后到拆段落，了解每一部分具体写什么。甚至精细到拆句子，了解别人是怎么组织语句、用词的。然后再花一段时间，集中在一个部分去模仿、练习，一个部分一个部分地攻克，一篇文章不知不觉就完成了。

这种做法的好处就像下五子棋一样，每次完成的任务都不会特别困难，操作频率高、反馈激励快，很容易获得成就感。

同样，如果你想提高英语听力，一天24个小时都戴着耳机是一种方式。但我个人的方法是一段材料反复听，直到自己听完上一句就能够马上反应出下一句是什么。

有一点特别值得注意，精准练习，离不开正确的反馈，也就是说你得找到一个老师。我们都知道“当局者迷，旁观者清”，有个老师给你指导，你才能知道你的练习够不够精准，方向对不对。

总结一下本章的内容：

如果你想提升某个技能，就得学会把这个综合技能拆得更细，在一个足够精细的方向反复练习。

如果真的要选，我的建议是先找到自己的拿手好戏，锻炼出自己的绝对优势。这样，才能不断给自己提供继续向前的动力。

我相信，虽然这个过程会有枯燥的时候，但是每天能给自己两个小时，你可以很快看到效果。

15 高效训练的关键：记录、思考、总结

关注体育赛事的读者应该记得，平昌冬奥会上，一个日本花滑男运动员突然引发广泛关注，尤其是一些小姑娘，特别喜欢他。他就是羽生结弦。

网上关于羽生结弦的报道特别多，我印象最深刻的倒还不是他在花滑场上英姿飒爽的表演，而是后来了解了他的出道经历，让我深深佩服。

按理说，能达到这个水平的运动员，训练时间肯定超于常人吧。猜猜他会花多久训练？一天 10 个小时？12 个小时？然而根据日本媒体报道，羽生结弦每周只训练 10 小时，平均一天不到 2 小时！

了解到这个信息，每个人的第一反应肯定都是：这人肯定是个天才。

上学的时候班上也有这种聪明的学生，平时也不见

他一直学习，但是回回考试都是第一。可是运动员能靠两个小时的训练就拿到奥运冠军吗？羽生结弦为什么每天训练时间那么短，还能做世界冠军呢？

有专门的花滑解说给我解释过原因。

因为本身就有哮喘，又经常受伤，羽生结弦不能在冰上长时间训练。他就把自己的训练日程调整成练两天休一天，或是练三天休一天，而每次的训练时长基本就是两到三个小时。

这两个小时，他是怎么高效训练的？

首先他在冰上真的是一分钟掰成十分钟来用。当年在仙台冰场训练时，日本媒体前去取材，说他在攻克4T难度跳跃时，有过一小时跳60个的纪录，也就是一分钟一个。

什么是4T难度跳跃？就是一次转体四周。我们非专业的可能不太理解，但是男子4周跳要消耗特别大的体力，更别说连跳60个。

他每滑一圈起跳、摔倒，然后再绕场滑行一周到原地起跳、摔倒，就这么反复一个小时。

媒体称之为“自杀式训练”。仔细想想，这种方法，是不是挺像前文提到的精准训练？

但是，仅仅是冰上的训练就够了吗？

对于自己的超短训练时间，羽生结弦是这么解释的："虽然有很多事情是必须在冰上完成的，但是我认为，只能在陆地上做的事情也很重要。无论是跳跃，还是滑行、旋转、姿态以及思考方式，这些都很重要。"

羽生结弦还说："我会利用休息时间在本子上做各种笔记，来分析这些内容，自己去思考，然后去做。做完分析之后我感到自己的状态会非常好，所以我非常重视这个过程。"

比起一味的训练、跳跃，他会用更多的时间去思考、去总结。

我在前几章反复提到过，不能只看一万小时定律，不能只关注投入的时间多少。你再刻苦，方法不对，同样是事倍功半。

在我看来，太多人都把重点放在了训练的时间上，但是训练结束之后，复盘的时间，却是大家最容易忽视的。然而，恰恰是复盘的质量决定了你练习的质量。

有一种情况，不知道你有没有遇到过。

有时候看一本书，或者听一场演讲，听一次分享，当场感觉特别棒，特别有收获，甚至还发了朋友圈、发了微博。但是隔一段时间之后，当你真的要用到这些内容的时候，却什么都记不起来。

本来以为印象深刻的收获，到头来完全无法运用。怎么才能保证质量？很重要的一个方式是去“记录、思考和总结”。当然，这句话谁都会说，重点是如何去做总结！

我知道有很多不同的方法，这里介绍我最熟悉的一种，供读者参考。GRAI 复盘法是我工作之后参加项目培训时导师介绍的。

G 指回顾目标，就是 goal。先回想一下，当初开始这个训练，或者做这件事情的时候，你的目的是什么。

然后是 R，result，评估结果。评估一下自己希望达成的目标有没有完成，完成情况如何。

接下来是 A，analysis，分析原因。按照复盘的结果来分析成功和失败的关键原因。

最后一步 I 同样重要，insight，总结规律，这往往是我们容易忽视的一点。这一步就是要根据之前的分析总结经验和教训，寻找更有效和符合本质规律的做法。

上面四步连起来，就是先看目标，再来评估结果和分析原因，最后提炼总结。这就是完整的 GRAI 复盘法。

我们看围棋比赛，每当比赛终局、直播结束之后，现场的两位选手一定会做的一件事就是复盘。两位选手会认真地将刚才比赛中的关键选择重新演练一遍，并且互相讨论是不是还有其他选择。

几年前轰动全球的人机大赛中，韩国选手李世石代表人类赢得了其中一盘的胜利，所有人都说，李世石完成了一个不可能完成的任务。后来李世石接受采访说，自己决胜的关键一招，就来自前面一盘的复盘。电脑不能陪着他，李世石找了其他棋手，一起来复盘自己的失利，这样才找到了 AI 的漏洞。

很多人都知道一句话，不要用战术上的勤奋去掩盖战略上的懒惰。什么是战略？战略是你努力的方向。记录、思考就是为了能让你一直走在正确的方向上，而不是每天做 12 个小时的无用功。

这套复盘的方法，不仅竞技运动中管用，在日常工作中也完全可以参考。无论是做什么类型的工作，都可以试着给自己做个小复盘。

本章介绍了如何制定目标，如何做精准训练，也介绍了复盘的重要性、复盘的方法。但我必须回到起点，说说心里话。再多的方法，再多的诀窍，再多的分享，其实永远比不过“你真正开始行动”。这句话虽然有点鸡汤味，但也是我这么多年来最真实的体验。

最后，我想把奥斯卡最佳影片《绿皮书》里的几句台词送给大家：

Whatever you do, do it a hundred percent.

When you work, work.

When you laugh, laugh.

When you eat, eat like it's your last meal.

16 谈从零开始学习英语

退役前，有一位长者曾经问我："你的奖牌和奖杯都放在什么地方？"

我说："我爸妈空出了一间屋子，专门作为荣誉室，把我得过的所有奖牌、奖杯、奖状全部放在这个屋子里。"

他说："你应该把它们都收起来，因为这些已经通通成了过去。"

从那一刻开始，我一直在想这句话。作为一个运动员要转型是很困难的。快要退役的时候，我就在考虑退役以后该怎么办，是继续当教练，还是像大多数人一样走向社会？

我问自己，如果不当教练，我能和社会上的其他年轻人去竞争吗？我认为我竞争不过他们。所以从那时起我决定要去读书，要更好地完善自己，最后选择了去清华大学。

刚进清华的时候，可以说我是很自卑的。上第一堂课的时候，我就很坦率地和老师说："我在清华没办法上来就跟大课，没有这样的基础，尤其英语的课程。"

清华老师问我："你的英文什么水平？"

我说："是零。"

他说："那你从26个字母开始先试试吧！"

我能想起来的英语字母，大小写一起混着写，也没写全26个。这就是我在清华的第一堂课。自然，老师也明白我是什么水平了。

一切从头开始，我坚信人不能被眼前的问题吓倒。因为任何事情都是从不会到会，从会再逐渐地去感悟和提炼成功的规律，一定是这个过程。

在这个过程中，我大把大把地掉头发。

当时我也很纳闷，我这个人打球也不是不动脑筋啊！因为乒乓球不动脑筋是赢不了球的，它是一个斗智斗勇的运动项目。但是为什么开始读书了，学了点英语，就开始大把大把掉头发呢？

后来，我被中国奥委会推荐到国际奥委会，由萨马兰奇主席任命，成为国际奥委会运动员委员会的成员。第一次去开会，让我大受刺激，因为所有的委员都可以讲英语、法语，唯独我一个人带着翻译去。

在讨论问题的时候，翻译难免总是慢半拍。等到开完会以后，在和大家交流的过程中，我又总隔一个人。别人想跟你交流的时候，也觉得很困难。这次经历极大地刺激了我：无论如何也应该把英语先拿下！

后来我去英国留学，正好碰到国际奥委会要在葡萄牙开一次会。中国奥委会相关人员建议我一定要在会上发言，并帮我写了一篇很简短的稿子，篇幅也就一页纸。但这一页纸对当时的我来说读起来是非常困难的，根本不认识。怎么办呢？

我在英国就地找了一位私人教师，请他把讲稿录成音频，又通过查字典把全文内容翻译出来、标上音标，跟着老师读的音频一遍遍地学。

就这一页纸的讲稿，时长不超过五分钟，你可以猜猜我学了多长时间？三天？五天？太高估我了！我用了整整一个月！没错！我真的是用了一个月的时间去学习、掌握这份演讲稿。

最后到里斯本开会的时候，正好是老萨主持会议，他以为会是翻译上，结果我开口就用英文讲。我一开口讲英文，老萨就笑了，一直笑到我讲完。我讲完以后，他在现场说："邓才学了三个月的英文，能够有今天这样的发言，我们大家应该给她鼓掌祝贺！"

经常有人问我："你害怕转型吗？"

我说："有什么好怕的呢？因为从一生下来你什么都不会，不是通过一点点地学习成长吗？"今天的成功不等于明天的成功，但明天的失败也不等于你后天不可以成功！

在这样的经历中，虽然很艰辛，也很困难，但好像还有一点点信心，觉得自己并不是那么笨。你聪明，我多干点，咱俩或许也能扯平。但是到了最后，是不是你还能比我聪明？那可不一定了，因为功夫不负有心人。

人生的道路上，我觉得很重要的是要不断地完善自己，就是要不断地归零。我们要有归零的决心，不要抱着"我曾经在非常好的学校学习过"的想法，感觉自己已经很了不起。要肯放下，肯归零。要想到自己是从零开始，保持勇往直前、拼搏向上的一种精神。

当然，光有精神还不够，还得有方法、有技巧，更多的是要有观念的改变。至于具体该怎么做，下一章会专门介绍一种不一样的思维方式。

三　抗压训练

17 思维进步：

学会一个词，永远不会向失败低头

成长型思维

Growth Mindset

提炼出处

斯坦福大学心理系教授 Carol S.Dweck。

简　　述

人在面对困难时，通常有两种思维方式：一种将困难、失败当成固定的标签，即固定型思维；另一种将其当成阶段性的结果，认为一切皆可改变，即成长型思维。举例：我数学能力太差 vs. 我暂时在数学上能力不强。

适用场景

成长型思维是西方儿童教育的基础理论之一，对成年人而言，在帮助人们克服失败这点上同样管用。

使用方法

三个思维句式：能够……正在……可不可以……

一个关键用词：yet。

本章的主题很多专家都分析过，但我还是要拿出来说，因为这个主题对我的一生都有很大帮助。我希望在本书中提供一些从顶尖运动员视角出发的、不同的体验。

成长型思维是对每个人都很重要的思维方法，掌握这种思维方法，能够帮你正确应对挫折，从挫折中获得力量。

每次我拿冠军后，都能听到一种言论："邓亚萍真牛！她那反应、那速度，就是天生的运动员！"

我不认同这句话。

具体的原因、我自己的故事，前面说过很多，此处不再赘述。作为一个接连被省队、国家队拒绝的运动员，在我拿冠军前，从来没有人认为我是"天生的运动员"。

这里我想举一个知名度很高的例子，谈一谈篮球超级巨星的故事。

有一个身体条件相对平凡的男孩，他想成为一名篮球运动员。但是在高中校队招募时，他落榜了。教练很遗憾地对他说：你个子太矮，反应也不快，打篮球没什么前途，还是认真读书吧。

这个男孩就是迈克尔·乔丹。

乔丹在篮球职业生涯中共获得过6次NBA总冠军，5次被评为NBA最有价值球员，荣膺10届NBA得分王。换句话说，他就是篮球史上毫无疑问的第一人。

有一些不了解乔丹的人会把他的成功归功于他的天赋。但事实上，只靠先天优势，乔丹甚至连校队都进不去。至于乔丹为什么能成为伟大的球员，他本人是这样回答的："坚韧的意志和决心，比某些身体上的优势更强而有力。"

我用三个字总结就是：不认输！

在体育界，像乔丹这样，就算身体条件一般，但不管遇到什么困难都绝不认输的例子比比皆是。

比如女子短跑运动员威尔玛·鲁道夫（Wilma Glodean Rudolph），她被媒体称为"世界上跑得最快的女人"，但你可能不知道，她的一条腿曾经接近瘫痪。

是什么原因让这些先天条件并不是很出众的运动员在面对难以想象的压力和困境时，非但没有退缩，反而越挫越勇呢？我发现一个共同点，这些人，跟乔丹一样，都有一种心态——不认输！

注意！这里说的不认输，不是说赢球输球都无所谓。而是说，这些优秀的运动员，就算再想赢、再讨厌输，也不会因此畏惧失败，因为在他们看来，失败只会让自己成为更强的人。

这种心态，就是我理解的成长型思维。

成长型思维这个概念出自美国斯坦福大学心理学教授卡罗尔·德韦克（Carol S. Dweck）。经过多年的研究，她发现人的思维方式分为两种，一种是成长型思维，另一种是固定型思维。

拥有成长型思维的人倾向于认为，挫折能给人动力、经验和教训，让自己变得更好。即便失败是痛苦的，但成长型思维的人不会用“失败者”来定义自己，因为每一次失败，都不代表他自身失败了，而是这件事情失败了。

所以，对于他们来说，“失败”只是一个需要面对和解决的问题。就像乔丹，他落选校队之后没有一蹶不振，相反，他每天起得更早，拿出更多时间来练球，不停地提高自己的球技。

就我的经验而言，被省队拒绝以后，反而激起我的斗志。我当时才 8 岁，在废弃的大澡堂里穿着十几斤的沙衣，挥着铁球拍，每天锻炼 10 个小时，就只是为了证明我能行，我不比那些入选的小姑娘差。就算全世界都不看好我，我依然会把挫折当作动力，引导自己成长。

相反，拥有固定型思维的人可能天赋极高，先天条件很好，可是一旦遇到大风大浪就往后躲。面对挫折，他们的自尊心会受到非常沉重的打击，并且没有能力从失败中站起来。

与成长型思维不一样，对固定型思维而言，“失败”就是一种标签，他们觉得自己是失败者、是没有用的人，索性自暴自弃。就像考试没考好，有的人会选择继续刻苦读书，而有的人会选择下次考试作弊。作弊的人认为，“反正我不行，不如抄别人的”。这就是典型的固定型思维。

所以问题来了，要怎么改变自己，才能拥有成长型思维？

首先要承认自己固定型思维的一面。还是以乔丹的故事为例，校队不要他，他怎么可能一点也不难过？事实是，乔丹当时非常沮丧，甚至想过以后不再打篮球了。遇到困难想退缩，这属于固定型思维模式，但也是人的本能反应。所以，对于固定型思维模式，我们不必感到羞愧，而首先得承认它、面对它、接受它。然后，我们才能驯化自己，改变思维模式。

你要提醒自己：失败，不代表你个人失败了，而是这件事情失败了。失败只是一个需要解决的问题。很多年轻的运动员，包括刚开始打球的我自己，都经历过从固定型思维模式到成长型思维模式的转变。

刚接触乒乓球的时候，我对赢特别渴望。但是在想赢的同时更加怕输。后来的我，在接纳了有时会失败的自己后，心态提升很大，变成“想赢，但是不怕输”。输了又怎样，挫折是最好的鞭策，如果我们输不起，又凭什么觉得自己可以赢得起？

我以前训练的地方，墙上一直挂着一条横幅，用来激励运动员。横幅上的话我到现在还记得："没有杀不死的球，没有防不住的球。"这是在提醒运动员，丢球和失利都是暂时的，只是一个需要解决的问题，只要你玩命地练，没有杀不死的球，也没有防不住的球。

同样的话，我送给你，只要你接纳失败，没有解决不了的问题，也没有不能从中成长的事。你需要记住三个句式和一个关键词，让自己开始建立成长型思维：

第一，犯错的时候，不要说"我犯错了"，要说"犯错能让我变得更好"。

第二，遇到困难的时候，不要说"我不会"，要说"我正在提高"。

第三，觉得"已经差不多了"的时候，要问自己"这真的是我最好的表现吗？我可不可以再提高一点？"

这三个句式都是我自己的经验总结。至于一个关键词，则是专家的建议——yet（暂时的、到目前为止）。你应该在每一个自我打击的心理暗示背后加上一个yet。

我反手太糟了，加一个yet——到目前为止，我的反手太糟了。所以怎么办？练呗！

我工作中逻辑不清，加一个 yet——我工作中逻辑暂时不够清晰。怎么办？改呗！

以此类推，通过这些自我暗示，你就可以从负面思维中找到成长的空间。

18 目的性颤抖：像赢家一样依赖直觉

目的性颤抖

Target Panic

简　述

目的性颤抖又被形象地称为“穿针心理”。每个人都可能经历过：在给缝衣针穿线的时候，越是全神贯注地努力，线越不容易穿入。

心理学研究表明，如果一个人由于做事过度用力和意念过于集中，反而可能将平时可以轻松完成的事情搞砸。心理学上，动机与效果之间有一种“倒 U 字形曲线”关系：动机太弱，无法激发行为的动力，效果自然很差；但如果动机过强，精神压力过大，就会分散注意力和精力，阻碍真实水平的发挥，过犹不及。

使用方法

赢家不思考，赢家靠直觉。

我们都知道一件事：通过增强控制力，可以让自己在关键时刻更专注。

熟悉乒乓球的读者应该有所耳闻，中国国家队有一套很常见甚至成了优良传统的训练方法，叫“死亡训练法”。

这个训练方法其实很简单，就是向运动员提出要求，规定某场训练比赛的开局，并不是从0比0开始的，而是从3∶7或者4∶8之类的比分开始。

因为乒乓球现在是11分制，所以4∶8的开局比分意味着只要领先的一方再拿下3分，就可以获得比赛胜利。而落后的那一方，他的比赛就很艰难了，一不留神就要输球。真输了球，他还不能怪这训练规则不公平。否则教练直接问一句：难道在正式比赛里不会遇到类似情况吗？

那么问题来了，你觉得这种训练，考验的是什么能力？

答案似乎很简单。关键球！抗压能力嘛！

我以前也是这么想的。直到后来听教练仔细分析才明白，这个训练方式考验的其实是选手的控制力。压力下最怕的是什么？最怕失去对自我的控制力，开始过度关注其他问题。

想象一下，在家的时候，你走到饮水机旁，接满一杯水，然后拿着杯子走回座位。很容易，对吗？那么再做一次。这一次要求你走回来的时候，眼睛要盯着杯子的水面，集中精力不要让水洒出来。

结果如何？美国心理学会的盖伊·温奇博士做了很多次实验后总结说，这简直太难了。因为压力的直接影响，就是让我们关闭大脑的自然状态，强行切换到人工模式。你会开始注意，路上不要碰到桌子，走路步伐不能太大，手要端稳，呼吸匀称，等等。

大家要记住一句话：注意力不是控制来的，越是控制越容易出问题。

中国男子足球队经常遭遇“黑色三分钟”，就是比赛最后几分钟丢球、输掉比赛。我不是足球专家，按道理不应该评论。但根据自己的经验猜想，就是进入最后几分钟后，运动员一下子不知道是该坚决进攻还是该稳固防守，思想不同步，就容易犯错。

回到控制力这个话题，我是怎么面对“关键球训练”的？答案是，完全不去思考当时的比分。

我打比赛的年代，赛制还是21分制，双方轮流各发5球。而我的全部目标，就是在自己发球的这5分中，尽量拿分，5分全拿最好，拿4分也不错。但我也知道，其实打到3∶2领先，我就已经赢了。

而到对方发球时，我可以允许自己输2比3。没问题，我允许自己落后。反正我在自己的发球局可以扳回来。

也就是说，不管开场落后多少，或者前几个球发挥怎么样，我都统统不管。我只关注一件事，那就是现在这5分，我能否达成目标。

所以本章强调的第二点是我也很喜欢一句话：“赢家不思考”。

真正的赢家都知道，有时候越思考越坏事，反而要凭直觉来做决策。

这时候你可能会问，控制力可以提升吗？该如何提升？盖伊·温奇博士有本书叫《情绪急救》，该书特地总结了在日常生活中通过对失败教训的总结来提升控制力的具体方法。因为每次失败，一定代表着某个在我们控制范围之外的因素出了状况。只要控制这个意外，就能避免失败。

我们可以用考驾照失利来举例。与此类似，如果你是学生，可能是期末考试不顺；如果你在职场，可能是技能考试没过关。这些情况都很常见。

第一步，要精准地描述这个失败事件。在本例中，就是“连续两次，驾照考试的科目三没过”。

第二步，列出导致失败的原因。这里可能包括对考场路线不熟悉，车辆状况不好，考官太严格导致我很紧张，起步技术不够好，等等。

第三步，确定哪些因素在我们的控制范围内，哪些不在。比如第二步中列举的在控制范围内的，应该包括对考场路线不熟悉、起步技术不好，因为这两点都是可以通过更多的训练来改善的。

第四步，检查剩下的那些失败原因，也就是我们认为超出自己控制范围的因素，试着换个角度来看待，看看能不能使之变成可控的。比如考官太严格导致我很紧张这一点，换个说法，变成另一句“我和考官的沟通不够主动，也没有及时管理自己的紧张情绪”。另一个控制外因素车辆状况不好，可以被替换为“没有事先确认车况”。

在之前几章，我们曾经提到制定目标时要做好“失败清单”；而本章的重点在于，下一次出发前，要做好“失败的复盘”。对每一次有意义的失败，把那些原本我们以为在控制外的因素变成控制内的因素，给出解决方案。

本章需要你记住的内容可以概括成两句话：

第一句，不要强行控制注意力，注意力越控制越容易出问题。

第二句，赢家不思考，赢家靠直觉。

19 詹森效应：应对失败的正确姿态，怎样才能愈挫愈勇

詹森效应

Dan Jenson Effect

提炼出处

滑雪运动员 Dan Jenson 七度尝试夺金、七次失败的亲身经历。

简　　述

体育比赛充满各种不确定性。哪怕你准备得足够优秀、足够充分，失误仍然可能发生。心理学者将这种平时表现良好，却在紧要关头掉链子的现象称作“詹森效应”。

适用场景

考试失利、演讲失误等遭受挫折的时候。

使用方法

不是不要总结，是要适度放自己一马，与其死磕复盘，不如用更积极的态度面对下次挑战。

从小到大，我们总会听到这样一句话：失败是成功之母。遇到失败不能回避，这道理自然没错。那么我们究竟要以怎样的心态看待、应对失败，才能真的走出“失败漩涡”，对抗“关键时刻掉链子”？

本章要谈的问题可能会和这句话的表述略有不同。比如我经常想一个问题，什么时候，失败不是成功之母？

先从一位美国射击运动员的故事说起。

体育迷们应该对马修·埃蒙斯（Matthew Emmons）这个名字有印象。他是历史上第12位在世界级50米步枪三姿比赛中打出满环600环的选手。三姿是指卧姿、立姿和跪姿这三种姿势，选手要严格按顺序以每种姿势向距离50米的靶射击10发子弹。

从2000年到2015年这15年中，埃蒙斯从任何角度来说，都是这个项目中的顶级选手。但即便如此，他却在连续三届奥运会上接连失手，而且无一例外，都败在了最后一枪上。

首先是2004年雅典奥运会，50米步枪三姿决赛。

埃蒙斯一度弹无虚发，状态神勇，在进入最后一枪之前，他已经把领先优势扩大到了整整3环。要知道，顶级运动员间的较量，最后一枪打响之前领先3环，这几乎是一个无法被超越的优势。

只要埃蒙斯在下一枪射出7环，金牌就是他的了！

可是，就在扣动扳机的那一刻，埃蒙斯失误了。他的最后一枪打在了旁边奥地利选手的靶上。裁判宣布：埃蒙斯脱靶，成绩0环。埃蒙斯最终仅获第八名。

四年后，埃蒙斯出现在北京奥运会的赛场上。一开始，他仍然是一路顺风，甚至这次的领先优势更大。他只要在最后一枪打出6.7环，就是冠军。

按道理来说，这种级别的运动员，错过第一次就不会错过第二次吧？可是，一样的情况，他又一次失手了。这一枪只打出了4.4环。让他再次错失冠军。

赛后他回忆说："前几个步骤都很正常，但是举枪后突然手指失去了知觉，动作还没有完全到位我就扣动了扳机。等我意识过来时，比赛已经结束了。"

没有人能解释这是为什么。

又过了四年，埃蒙斯再次站在了伦敦奥运会的赛场上。如果说他心理素质不好，那么一般人经历过之前不堪回首的瞬间，根本就不敢再回来。而且埃蒙斯在那几年中查出了甲状腺癌，做了手术，从生死关上回来的人，仍然站在了决赛场上。

但这一次他同样没能拿到金牌。

比赛结束后，有记者很关心他，分析他是不是太紧张才失误。但埃蒙斯自己回忆说："当时我的状态很好，不知道为什么会出现这么大的失误，也许这就是体育！"

"这就是体育。"

对于这句话，只有真正参加过最激烈的比赛、参加过最严格的考核的人，才有切身的体会。

每当运动员发生失误，媒体、观众一定先关注他是否因为主观因素导致失误。比如是不是太紧张了，是不是太轻敌了，是不是自己的心态管理做得不好。就像我们在工作中失误一样，老板都会先来问你："别找客观原因，难道你自己没有责任吗？你自己没问题吗？"

咱们中国人，特别容易陷入自责之中。但是，“这就是体育”，这句话什么意思呢？

体育和人生一样，充满了各种不确定性。我其实是相信埃蒙斯的，我相信他的大心脏，他真的未必是因为紧张导致失误。

在运动心理学中，把这种现象叫作“詹森效应”。詹森是一名美国速滑选手，也是世界顶级运动员。但是，他曾连续七次与金牌擦身而过。因此心理学家就将这种平时表现良好，却在紧要关头掉链子的现象称作“詹森效应”。

专家解释说，体育比赛充满了各种不确定性。哪怕你准备得足够完备、足够充分，失误仍然可能发生。幸运的话，失误发生在小组赛、预赛，发生在我们日常生活和工作中没那么重要的时刻。但如果不幸的话，失误发生在决赛，发生在我们日常生活和工作中至关重要的时刻。

詹森效应就像一面看不见的墙，每个人都会遇到，但你无法预测它会在何时出现在何地。

我们能做的第一件事，是了解它、接受它。这是因为，如果你不知道你的人生中有一面看不见的墙，那么当你撞上去的时候，只会蹲在墙角喊疼，忘了前进。但今天你认识了詹森效应，这样即使你下次碰上了这面墙，也已经有了心理准备，能够及时调整心态，不致过度怀疑自己。

不是说不要反思失败，一定要。这点别误会。但不要过度地沉溺于失败，不要总是想做太多的自我批评。

我也有类似的经历。

1994 年广岛亚运会的女单决赛，我 1 比 3 输给了日本选手小山智丽。下场之后，教练和媒体一样来问我：邓亚萍你怎么搞的啊？怎么决赛上没发挥好？你是不是心态出了问题？

但我自始至终，哪怕到了现在，都是一个回答："不。我已经发挥得足够出色。但是，小山智丽那一场比赛打疯了。"

按道理来说，我的进攻能力，她肯定扛不过三板。但那天她的防守非常出色，我根本打不死她。在场上能用的所有方法、战术，我全都用了。

比赛失利，不是谁的错误。这就是比赛，这就是体育。

对运动员来说，对每一个人来说，必须强调的一点是，输和赢其实都很正常。尤其是我，训练比赛时，几乎每一天都要面对输赢。如果说每一次输球都一定要找到个内在的原因，这是很难的。生活中、职场上，如果每一个失误都要找自己的责任，同样是不现实的。

所以回到本章开头的那句话，“失败是成功之母”，不，我要说，失败不一定是成功之母，只有反思、反省，才一定是成功之母。

曾有记者问过我：“作为一名顶级运动员，你不担心遭遇失败吗？”

我回答，失败的可能性非常大，没有人一定能成功。

我小时候的梦想是拿世界冠军，但那时我就认为自己能拿世界冠军吗？不，想都不敢想。所以，我只管去努力拼搏，先不考虑成功与否，或者失败会怎样。

我从来不给自己打分。对于比赛，我也不去考虑最后比分会是什么，因为最重要的是我每一分都要打好。换句话说就是，不要以输赢评判自己，用表现来说话，永远把注意力放在尽全力打好下一颗球、下一场比赛上。

最后，我想说回詹森，那个七次与金牌擦肩而过的运动员，他最终在 1994 年的挪威冬奥会上以 1 分 12 秒 43 的成绩打破世界纪录，夺得 1000 米速滑的奥运金牌，打破了“詹森效应”的魔咒。那时，已是他第八次尝试夺金。“不气馁、尽全力”，这就是体育人的精神。

希望本章分享的这些运动员的故事，能激励你更顽强地面对人生中的种种挑战。

总结一下本章内容：

第一，詹森效应是指平时表现良好，却在关键时刻发挥失常的现象。

第二，詹森效应像一面看不见的墙，每个人都可能会遇到。但你无法预测它会在何时出现在何地，我们要接受这样的现实。

第三，不要以输赢评判自己，用表现来说话，永远把注意力放在下一颗球、下一场比赛上。

20 应对变化的唯一出路是主动出击

观众总是觉得中国乒乓球队的比赛这么多年没啥变化——咱们总是能赢，即使有时候过程曲折一些，最后大致也能拿下绝大多数荣誉。但是球迷不知道的是，中国乒乓球运动员其实经历了很多重大的规则变化。

为什么面对这些变化我们总能轻松应对？面对各种变化的环境，需要怎样做才能调节好心态？光有意志力不行，你仍然得有个好的方法。

只要你看过体育新闻就一定知道，最近这20年，乒乓球比赛的规则是一变再变，比如小球变大球，限制球拍长胶，21分变11分，有机胶水变无机胶水……虽然背后有不少原因，但有一点不例外，大家心知肚明的，那就是限制中国队。

什么时候中国队的领先优势拉大了，那就在规则上改一改，把你们往回拉一拉。咱们其实也不会特别抵触，因为一个运动项目要良性发展，一定不能长期一家独大。如果哪一天中国队包揽所有的金银铜牌了，乒乓球这项运动的发展反而就危险了。

话说回来，这20年来，规则一次又一次变化，但每一次不超过一年时间，中国队一定又会在金牌榜上霸榜。最近甚至是无缝衔接，一点都不受影响。

媒体报道时自然会强调中国队人才储备强，不怕规则的改变。他们还喜欢拿刘国梁指导举例，说当初小球改大球，刘指导的发球优势减弱，果断地选择退役。

这些说法，都是只知其一、不知其二，过于简单化了。在面对规则变化时，中国乒乓球队的准备工作远比他们想的更负责和充分。

比如小球改大球，并且不准遮挡发球，这个政策一出台，客观上，所有人的发球质量都要急剧下降。因为攻击性减弱了，速度变慢了，也不隐蔽了，以往靠发球得分的机会越来越少。

这只是一面。

另一面是，当时蔡振华总教练提出，发球难度增加，代表你接发球的难度会降低。以前接发球以稳妥为主，现在你自己接发球时的抢攻空间越来越大；甚至我们要把接发球这一轮的进攻，作为以后突破的主要方向。

在这个思路下，球迷也就看到了，像王皓和张继科这些选手，将反手拧拉的这项技术从中性的技术动作发展成了一种强大的进攻武器。甚至我们经过统计分析发现，他们接发球轮的胜率比发球轮要更突出！

这可是一个颠覆性的变化，打破了过去的取胜模式，但国乒通过努力在短时间内再次站在了世界之巅。类似的案例，在乒乓球队里可以说是数不胜数。

2015 年苏州世乒赛上，马龙取得了自 2006 年出道以来的第一个世乒赛男单冠军，从此开启了他的冠军生涯。对手都很意外，一直用进口套胶的他，怎么忽然换成了国产套胶。殊不知，这就是我们球队科研的结果。因为当时的背景就是规则变化，将乒乓球从以前的材质变成了塑料球。

在别人眼中，这是限制中国国家队的方法。但在马龙眼中，这反而减轻了他防守的压力，是使打法能更加主动的好消息。所以他才会在世乒赛前两个月，临时改用国产套胶，从而一举成功。

说了这么多国家乒乓球队面对规则主动改变、巩固优势的故事，背后到底是什么意思呢？我们来总结一下：

第一，面对变化时的态度。

我在英国读书时，老师经常提的一个词就是“变化”（change）。我们绝大多数人从本能上就是抗拒变化的，因为变化意味着不稳定、不确定。我们都喜欢按部就班，希望一切都在自己掌握之中。

但不用我多说，周围的形势和环境，往往不是你自己能控制的。那怎么办呢？英国老师让我们把change换一个字母，变成chance，“变化”就这样成了“机会”。这不是心灵鸡汤，而是你在面对任何挑战和改变时应该有的第一反应。

中国乒乓球队永远都在强调机遇和挑战共存。

变化固然会打破领先者原有的平衡，但这只是短时间的。变化也一定会带来新的机遇，谁能抓得住，就取决于自我调适和了解的时间。你越快反应过来，越早停止抱怨、付诸行动，你就越可能成功。

第二，要主动打破规则，学习适应意外情况。

我们训练时，经常会有“黑哨”。教练就是不公平，就是吹偏哨。这时候你还忙着去抗议？忙着去说道理？对不起，没这个机会。训练场上都受不了，你上了比赛，怎么可能扛得住？

我们会主动去营造这种不太公平的训练竞技氛围，让运动员适应这些可能会在正式比赛中遇到的意外状况。

回想一下，生活和工作中，每次有什么事情出错，我们是不是会习惯性为自己辩护？“因为……所以才……”如果那些意外、那些突发情况都没有发生，我们就不会出问题，对吗？

但是怎么可能没有意外？！

记住，改变习惯，在日常生活中就不断主动去尝试新的可能，这样才能避免习惯性的思维模式和方法陷阱。

第三，训练自己的观察力。

观察力的作用很微妙，但是很多成功人士都有这种能力。有人会说你这是事后诸葛亮，是从成功人士身上的特质反推某种因素的作用和意义。如果你真的理解观察力，你应该就能明白我的意思。

强大的观察力会让你有未卜先知的感觉。眼里不仅有自己的目标，而且时刻密切关注外界环境的变化。

经常听人抱怨，“怎么突然公司裁员？太不公平了！”

那么，在裁员发生前，你有观察到行业的衰退吗？你有注意到最近公司业务的变化吗？大概率没有。你很可能只关注着老板说了啥、做了啥，以为这就是全部。这就是真正的短视。

在追求自己的目标时，一定要悉心留意外界的变化。越早发现，就能越早调整。

经常听一些经商的朋友说，自己唯一会看的电视节目，不是什么股票分析，不是什么产业报道，而是新闻联播。这是一样的道理，他们要留意政策的风吹草动，考虑这些环境变化会给业务带来的影响。

21 矛盾意向法：顺从压力也能对付压力

矛盾意向法

Paradoxical Intention

提炼出处

德国心理咨询师 Viktor Emil Frankl。

简　　述

大脑对你想“压抑”的事有一个反抗机制，越想压抑紧张和压力，注意力越会集中在其上，负面情绪会越积累越多。

适用场景

做汇报或者考试前紧张、失眠。

使用方法

不去对抗，刻意去做自己担心会发生的事情。

前文中有若干内容涉及压力的应对，也提出了一些搞定压力、提升自信心的方法。为什么要反复强调抗压？毕竟最可惜的不是你能力不够，而是你明明准备到位了，但因为心态紧张，错失了机会。

那些方法有的是教你如何正面打败压力；有的是教你转移注意力，让你去避开压力；甚至还有一些方法是告诉你怎么去和压力做朋友，把压力变成动力。

但是，我们在生活和工作中还可能面对一些压力，躲也躲不了，打也打不垮，还找不到办法去把它转化成动力，这时该怎么做呢？

每一种面对压力的方法，都需要练习，不同的人情况也不一样。面对非同寻常的压力，我还有一个压箱底的建议：放弃抵抗，有压力就顺着它好了。你可能要问，这不就是放弃抵抗吗？

先讲个关于口吃的故事。

有个德国心理医生，治疗过一个口吃非常严重的患者。这个患者对医生说，从自己记事起好像就一直是结巴，这个问题已经困扰他很多年。

想想看，大家上学的时候有没有遇到过一些结巴的同学？是不是这些同学总是会被他人取笑？被取笑得多着急啊，一着急，就更说不利索了。

这个患者也不是没有练习过说话，其实他私下里一直非常刻苦地去纠正这个毛病，但是一到当众说话的时候就又说不利索了。机缘巧合，他遇到了一件很有意思的事情。

他 12 岁的时候，有一次搭公共汽车忘记买票，被售票员当场抓住了。售票员就问：“这孩子怎么不买票？”这个时候，他心里就在想：“这下越结巴越好，售票员肯定会可怜我。”

但是，神奇的事情发生了，他一开口一点都不结巴了。他越是想让自己结巴，就越是说得特别利索。

是不是很离谱？我第一次听到这个故事也觉得有点奇怪。但是，这个故事是有科学依据的。故事中这位患者在公共汽车上的诡异经历，从心理学角度讲，叫作矛盾意向法。这个方法是几十年前由德国心理咨询师维克多·法兰克提出的。

想想看，你在面对压力的时候，都是怎么做的？

要上台汇报了，你心里肯定很紧张，怕出错对不对？这个时候，别人教给你的方法是不是心里默念一万遍：“不要紧张，不要出错”。

我以前打球的时候，有些队友在比赛前会失眠，他们就非常紧张，满脑子都是“我要早点睡，睡不好明天肯定状态不好，肯定会影响明天的发挥”。什么数羊啊、放空啊都根本没用，越是想赶紧睡觉，就越睡不好。

仔细回想，其实我们平常面对这些让人焦虑、担心的事情，越是想让自己去克服它，越是很难做到。

那我们反过来试一试怎么样？

我之前就有个员工，每次做汇报的时候和别人不一样。别人一看就是冒冷汗，特别紧张。但是他就很自信，沉稳自如。

我就很好奇，问他：“你心态挺好，汇报都很自信。这是怎么做到的？和同事们分享分享。”

他说：“老板，我其实可紧张了，特别怕出错，但是我每次做汇报之前都告诉自己，我要出错，老板肯定会觉得我 PPT 做不好，同事肯定会觉得我说话没重点。总之，我是把各种坏的可能都想象一遍。但也挺神奇的，每当我把这些最差的情况想象到，我反而会放松下来。我就告诉自己，反正我已经做好准备了，要是因为紧张出错了，我也不能控制，是不是?”

原来他的秘诀就是反其道而行之。

失眠也是这样，以前训练的时候，一些心理专家就会给我们一个小建议，在上床之前，与其默念“赶紧睡着”，不如反过来，跟自己说：“我不要睡觉!”“我要晚点睡！我要更兴奋!”这个时候，你反而不会因为睡觉这件事太紧张，不知不觉就睡着了。

这个办法为什么会有效果呢?

有的读者可能知道，我们的大脑其实有一个自然的反抗机制。你越是想压抑你的紧张，越是把注意力放在这件事上，压力就会越积越多。这就跟排水泄洪一样，你越是堵着它，水坝的压力就越大；你要是提前开闸排排水，压力就小多了。

所以这个时候该怎么做?你不要去强迫自己的大脑忘掉压力，紧张也好，担心也好，失眠也好，都不要挣扎。先向压力暂时妥协一下，很快你就会发现不知不觉间就已经忘却之前担心、焦虑的事情了。

有人可能会问，那如果就此陷入负面情绪中，没有触底反弹怎么办？心理学也给我们准备了应对办法：每天挑十分钟，不多也不少，作为你的“负能量宣泄时间”。每天排解一下自己的负面情绪，你就会发现，不知不觉间你就能更轻松地看待压力了。

总结一下本章提到的新的思路：

第一，面对压力，你可以使用矛盾意向法，也就是害怕什么就让自己刻意去做什么。

第二，如果你担心过度沉浸在压力之中，那就每天给自己定一个“负能量宣泄时间”，尽量发泄，不用顾忌那么多，把心里的担忧说出来。只要把压力表达出来，就会产生矛盾意向法的效果，进而缓解压力、改善情绪。

22 运动员怎么对付焦虑：系统脱敏训练

系统脱敏训练

Systematic Desensitization

提炼出处

美国学者 Joseph Wolpe。

简　　述

提前想象压力大的场景，提前习惯；同时在感受到压力后自我放松，因为人不可能同时处于焦虑和放松两种情绪状态，如果可以做到放松，就能对压力源脱敏。

适用场景

会让自己感到紧张、焦虑的事情，可能是比赛、考试或汇报、演讲等。

使用方法

想象让自己感到焦虑的场景，在焦虑情绪下马上放松，可以想象好笑的事物来代替害怕的场景。

本章的主题是介绍运动员经常用的到一个方法，用来缓解日常生活和工作中遇到的焦虑问题。

“焦虑”这概念现在可流行了。有不少文章、课程教过大家对抗焦虑的方法。我不是什么专业的心理学家，所以也没法给大家介绍最专业的方法。但是，我们平时的训练中也有应对焦虑情绪的方法，所以我可以从一个运动员的角度向大家分享我的经验和办法。

运动员的焦虑，不是那种升职加薪的焦虑。

从事竞技体育的运动员，很多时候处在一个高度紧张的环境中。尤其是在一些重大国际赛事前，我们代表的是国家的荣誉，所以大家的心理压力会非常大。我认识的好多非常优秀的选手，到了大赛前睡也睡不着、坐也坐不稳，这无疑很影响比赛前的训练和现场发挥，更严重的是会影响正常的生活作息和身体健康。

我在读书的时候关注过一项运动科学研究，该研究揭示了运动员出现心理问题的概率高达25%，比如大家都很熟悉的美国游泳名将“飞鱼”菲尔普斯，他就被焦虑、抑郁困扰了很多年。

那这些运动员的教练会怎么办？有个方法叫“系统

脱敏法”，是应对这类问题比较常用的。

包括我在内，职业运动员面临重大比赛开赛在即，都会紧张，担心自己发挥不好。这时就需要教练介入，对运动员开展脱敏训练。

这个时候，教练员不是让他去尽量放松，反而是让他想象一下最刺激、最极端的场景。比如，首先让他想一下“我过两天就要比赛了”。

这个情况还行，不会那么严重。

但接着，教练就会再加点刺激强度，让他想象一下“马上要上场了，球迷已经开始进场”。

如果这个时候运动员已经觉得有点焦虑了，情绪上承受不住了，那就马上指导他停下来，想一些让自己觉得放松的场景，直到他的情绪恢复正常。

但不是说到这里就结束了。恢复正常之后，还得接着试，再继续想象刚刚那个场景，受不了就再停下来，总之得一遍一遍试。然后逐步加大刺激的力度，不断接近最紧张、最焦虑的那个画面。

这种方法其实就是通过持续的刺激—放松，让运动员最终对最焦虑的情境都不再害怕了，也就脱敏了。

没有相关经历的人对上文的介绍可能会觉得有点抽象，举个例子你可能就明白了。

我记得以前陪儿子看《哈利波特》的时候，他特别喜欢其中一个咒语叫“ridiculous”，中文配音版电影里翻译成“滑稽滑稽”。剧中有一种怪兽叫“博格特”，特点就是会变化成你最害怕的东西。对抗这种怪兽的唯一方法，就是这个“ridiculous”。

这个咒语的效果，就是让你想象一下这个最让你害怕的东西变成你觉得最搞笑的物体。

比如有个小男孩最怕蜘蛛，他就想象蜘蛛脚上穿了滑板鞋的样子。还有个小男孩怕一位教授，他就想象教授穿上了小丑的衣服。总之就是让最恐怖的事物变成最滑稽的。

这个办法和系统脱敏法有异曲同工之妙。一方面，是让你想象一下压力最大、最焦虑的场景，提前适应、提前习惯；另一方面，是让你在体验那种紧张的情境之后，立刻进入一种放松的状态。这样，再紧张的情况，也会变得没那么紧张了。

现实生活中，我们焦虑的事情可就太多了。

比如说每天挤地铁，上班担心自己的业绩完不成，和客户打交道不顺利，等等。现在的孩子压力也很大，我认识的好多学生都不同程度有考试焦虑症。

那么系统脱敏法在日常生活中该怎么用？

首先，你得分析分析让自己焦虑的事具体是什么情境。比如很多人因为考试焦虑，考试这件事情现在可能还是模糊的。那这个时候你不妨拿出一张纸一支笔，写下你害怕的具体事物。可能是踏进考场的大门你就感觉不舒服，可能是你发现某个考到的知识点你没复习到，也可能是考完试之后发现你的答案和同学们不一样。

总之，尽可能多想，多列出来，同时把你列出的这些事情按照焦虑程度排序。

还有一种方式也能帮你找到自己担心某件事的原因。

比如很多人都说，看见微信上的小红点就焦虑。是因为担心工作又出问题了？还是怕自己没有及时回复老板的消息？没能及时回复又会有什么后果？

不断去问自己为什么，说不定就能找到让你焦虑的关键因素。

最关键的是，你可以在日常生活中有意识地进行这种训练，根据焦虑的程度从低到高，一点一点地去经历这种“想象—紧张—放松”的过程。

当然，放松的方式也有很多种，我们运动员常用的方式可能是平躺下来，把注意力放在自己每一处肌肉上，慢慢放松自己。你也可以选择像我儿子一样，想象一件让你觉得开心或者好笑的事情。

总之，多训练几次，你就能找到最适合自己的方法。

总结一下本章内容：

我们试着逐步去分析，让自己焦虑的情境和原因是什么，然后用系统脱敏法不断想象、体验和化解这种焦虑。

二战时的美国总统罗斯福有句名言，说的是一样的道理：我们唯一值得恐惧的，就是恐惧本身。

23 对抗“考前崩盘”，助你轻松应战

双重系统理论

Dual System Theory

提炼出处

诺贝尔经济学奖获得者丹尼尔·卡尼曼。

简　　述

人有两种思维系统：快系统和慢系统。快系统反映感受，速度快但不真实；慢系统权衡事实，速度慢但可靠。

适用场景

遭遇挫折，感觉压力大、撑不下去的时候。

使用方法

1. 承认自己的感受存在，但告诉自己“它只是感受，并不是事实”。
2. 用“曾经做到过”“可以做到”等事实来说服自己。

每到大考前夕，人的身体、内心肯定都特别疲倦，很多人都是坚持到关键时刻撑不下去才崩盘的。

你有没有首先问问自己，为什么在最重要的大战前，总是特别不容易坚持？最核心的原因还是内在的倦怠和烦躁。

你已经拼命读书好长一段时间，现在终点线在眼前，心态反而更脆弱，好像再多做点什么，价值也不大。

当年我们训练的时候，也有这种心情。

我小的时候有一次，一方面受不了练球太苦闷，另一方面实在好奇，就偷偷跑去旱冰场滑冰。当场就被我的教练（也就是我爸）抓个正着，难得被他痛骂了一次！

我已经自认很坚强、很好胜了，但真的也有感觉自己撑不下去的经历。如果没有正确地应对自己的感受，我也会被感觉击倒，跑去偷懒。幸好，虽然我曾经感觉自己撑不下去，但最后还是撑下去了，不然也没有以后的事了。

事实上，就我所知，再刻苦的运动员肯定也都有觉得撑不下去的时候，但他们最后都挺过来了。诀窍是什么？就是区分想法和现实。

在没日没夜的高强度训练中，我学到的很关键的一个道理就是大脑会骗人。就像汽车仪表显示没油了，实际上还能再跑 20 公里；跑步跑到四五公里的时候，都会遇到第一个体能临界点，感觉自己肯定不能坚持了，但只要咬咬牙就能扛过去，而且之后能够更加轻松。这是因为你的乳酸清除加快，疲劳感自然就会减弱。换言之，在体力运动时，大脑其实会比你的身体更早报警。你以为是体力不足了，其实只是一个假警报。

很多时候，不只身体运动是这样，脑力劳动同样如此。比如背单词，你肯定也有感觉撑不下去的时候。但事实上，越过了某个临界点，你的意志力和专注力就会重新提升。

你问我怎么知道的？我也有过没日没夜背单词的日子！我也曾经觉得撑不下去，但只要撑过去了，又马上可以再战好几个小时！

关于这一点，诺贝尔经济学奖得主丹尼尔·卡尼曼提出了一个著名的猜想——大脑的“双系统思维”。卡尼曼提出，大脑有两种运作系统：一种是对感觉做及时的反应，虽然快，但是未必准确；另一种是对真实状况的认知和分析，虽然慢，但准确。

感觉很挫败，所以想放弃；感觉很疲倦，所以撑不下去。这都是快系统。只要够努力，可以重新振作；只要稍稍休息一下，就可以再拼下去。这就是慢系统。简单来说，要战胜自己，你就必须让自己从快系统切换到慢系统。

切换的方法也很简单，就是告诉自己，快系统的结论只是一个想法，不是一个事实，然后用事实来引导自己切换到慢系统。

拿复习、考试来说，在最后冲刺期，因为之前已经持续复习了很长时间，一翻开书，快系统可能就会告诉你："已经读得够多了吧？再读也没太大用了，休息一下吧！"这时候怎么办？

第一步，先告诉自己，这不过是一个感觉，一个想法。

第二步，用事实唤醒慢系统。"昨天我撑过来了"，这是一个事实。"靠最后一个月的冲刺，很多人的成绩真的提升了”，这也是一个事实。不断地用事实砸向自己，就能切换到慢系统：“好！我也要在最后一个月冲刺，而且我能做到！”

是不是特别简单？这就是我撑过刻苦训练的招数，也同样是我坚持学英文的方法。多试几次，那些干扰的声音就再也不出现了。

最后来总结一下：

第一，人有两套思考模式，快系统反应感受，但不能反映事实；慢系统需要思考，但更接近事实。

第二，如果要切换到慢系统，可以提醒自己快系统只是一个想法，然后用事实来说服自己。

四　意志力训练

24 意象训练法 I：用碎片时间提升技能

意象训练

Imagery Training

提炼出处

运动心理学经典理论；奥运冠军训练经验。

简　　述

为了让大脑进入状态，可以通过想象完全模拟具体场景的细节，让人的五感预先经历，在正式行动的时候更游刃有余。

适用场景

所有场景，尤其是考试、汇报、减肥等。

使用方法

必须专注地模拟所有小细节，模拟越细致才越有效果。

有的人面对毫无准备的突发状况还能保持冷静，这不是某种天赋，没人天生就有随机应变的能力，那都是死磕训练出来的。

接下来的两章将介绍一种听上去有点玄妙，但已经被证明在各行各业都适用，各种性格的人都能从中获得提升的方法——意象训练法。

电视剧、电影里面经常会有一句差不多的台词："你知道我有多努力吗？我连睡觉都在训练！"就像武侠小说里的高手一样，哪怕睡觉也不忘练功。我不知道这些人是怎么做的，但每一个成功的运动员都知道，确实有一种方法，能让我们在休息时同样获得提高，这就是意象训练法。

意象训练法有几个最经典的案例。你可以先试试以下案例，体会一下是什么感觉，后文再进一步解释。

想象一下，现在你左手有一个黄色的柠檬，右手有一把水果刀，面前有一张干净的砧板。想象一下这个柠檬像鸭蛋大小，正好一只手可以握住。好，把柠檬放在砧板上，右手拿着水果刀去切片。不用太厚，5毫米厚就够。你应该可以看到柠檬汁被切了出来，流到了你的手上。你也应该听到了水果刀切柠檬的声音。

你现在是什么感觉？嘴里有什么味道？这时候，如果柠檬汁喷到了你眼睛里，想象一下，又是什么感觉？

好，停！

刚才这个过程中，你有什么感觉吗？你可能会说，这不就是曹操的望梅止渴吗？你还真说对了！这就是高级版的望梅止渴，回想一下，上文的训练中，包括了触觉、听觉、嗅觉、视觉、味觉，总共 5 种感官体验。这就是训练的方法。

下次看体育比赛时，比如篮球、网球或者乒乓球比赛，仔细观察一下运动员赛前在做什么。有的运动员，比如网球运动员纳达尔、篮球运动员库里，他们都会有一段时间闭着眼睛坐在休息区或替补席，嘴里还念念有词。他们在干什么？不是在念咒语，他们在做的就是赛前的意象训练。更具体点说，他们在想象比赛开始后的画面。

纳达尔曾经介绍过，比赛前会先在脑海中想象自己比赛的样子。想象自己站在球场上，拿着球拍；想象汗水流下额头、掉落场地。他还会想象自己在场地上奔跑、跳跃甚至摔跤，想象膝盖划过场地。更重要的，他要代入现场的所有因素，代入观众的呐喊和唏嘘；想象第一排的观众穿着蓝色外套，戴着黑色帽子，一脸严肃的样子。纳达尔要代入自己紧张、兴奋、激动的情绪，感觉心脏在打鼓、呼吸加速。

纳达尔说，时间不必太长，只用两三分钟这样的想象，自己就能迅速进入比赛状态。换句话说，他的身体还没进入比赛，但他的大脑早已先开始比赛。

身体热起来容易，大脑热起来很难。

美国奥运训练中心曾做过一个问卷调查，发现这种意象训练的方法被 100% 的运动心理专家和 90% 的奥运选手所采用。而且，这种意象训练不仅是在比赛开始前管用，在日常的休息时也成了常规训练方法。

比如 100 米短跑运动员，不可能一天到晚都在实打实地跑 100 米吧？先不说体力够不够，真跑下来对自己肌肉、韧带的损伤也不小。那么如何持续保持身体和头脑的热度？就是在训练之余，用意象训练。想象一下自己走上塑胶跑道，想象发令枪声，想象钉鞋抓地的感觉。同样，如果是跳水运动员，那就想象自己走上跳板、踮起脚尖、在空中翻腾并且入水的过程，甚至要想象出入水的声音。

各种研究都证明，这种大脑中冥想的训练和实际训练效果相比同样有效。这不是什么玄学。

意象训练的本质就是在脑海中想象人、事、时、地、物，以及五感（视、听、嗅、味、触），还有生理、心理、行为的反应等，有意识地创造新的经验，通过想象、预演和情境来建立条件反射。所以这一招现在再也不是运动员的专利了。

比如做销售，就可以用这招去先模拟谈判的场景；如果是小提琴手，同样可以用意象模拟出演奏的场面；如果是学生，马上要演讲，或者要汇报论文，怎么办？用意象训练法，想象自己汇报成功、获得众人掌声的画面。甚至我在找资料时还发现，有营养师用这招来教人减肥！他们会让你想象一下如果减肥成功，自己能够做到什么，比如穿上一件很修身的衣服。营养师会让你描述一下自己穿上时的样子，会让你想象周围人的评价。总之，就是通过意象训练，让你和减肥的目标之间建立联系，而不是空泛的“我要减肥”。

甚至营养师还建议，就算没时间去健身房，也要在回家路上，通过意象训练来让自己做完一组基本动作。

本章是关于意象训练的开篇，讲了意象训练的概念和最基本的方法——用多种感官去模拟训练，从而让自己在休息的时候也能得到技能的提升。下一章更进一步，介绍催眠的方法。

25 意象训练法Ⅱ：日常心理暗示让你在关键时刻不掉链子

生活在都市的人很多经常去健身房，有氧运动、无氧运动，在高强度的工作之余，都来做一做。很多人倒不是为了减肥，哪怕只是跑跑步，做做基本拉伸，都能让身体更舒服一些。

这都很不错，但我要问一个问题：你在跑步机上跑步时，通常会干什么？应该无须统计，大部分人的答案我知道就那么三样：听音乐、看电视和发呆。

一些音乐 App 里还有跑步专用听单，用快节奏的乐曲来提升跑步时的节奏感，让人更加亢奋。这种跑步我常称之为“打卡式跑步”。就像上班一样，身体到了健身房，但是你的心没到。只要跑完了半小时，让自己出出汗，就是对自己有交代了，也不求什么速度或者耐力的提升。

那么运动员或者专业健身教练是怎样跑步，或者怎样去做力量练习的呢？他们都会有一套完整的自我对话。

比如跑步，他们就会关注自己的呼吸，会让自己的注意力集中在调整自己的呼吸、手脚配合上。做力量练习，他们会对自己说："我要让自己的注意力集中在某某肌肉群上，去感受它的发力。"

专业和业余健身的区别是，专业选手会进行思考。他明白，每一个体育项目都不只是体能的训练，一定是大脑和身体的同步提升。

至于这一招为什么管用，其实还是和意象训练法有关系。专业名词不再赘述，这里要强调的是，哪怕在真正的训练和比赛中，同样要进行思考，要时刻反思，自己进行的训练和练习的目的是什么。

那么怎样进行自我对话呢？有两种简单分类：内部注意力和外部注意力。

专业健身教练让你做个杠铃深蹲动作，如果你的自我暗示是"臀部收力"，这就是调用了内部注意力，因为你将注意力集中在特定的肌肉上。所以很简单，如果你的自我暗示是“我要通过发力，来使身体远离地面”，这是将自己的身体当成了一个整体，自然就是调动了外部注意力。

这两种注意力，乍听起来有点啰嗦。无非就是说，关注点到底是放在某个部位的肌肉，还是放在整个身体上。专门研究健身的心理学者说，这就是健身效率的关键。第一步就是要避免打卡式健身，比如听着音乐就来跑步之类的行为；第二步再用不同层次的自我暗示提升自己全身肌肉的参与度。

类似的例子不少，甚至自我暗示是不需要语言的。

前文介绍过运动员在比赛前或比赛中做一些习惯动作，背后的原理都一样，就是通过内在的对话来排解压力和焦虑。篮球启蒙教练现在都会教那些年轻选手在罚球前默念几句话，眼睛盯着篮筐前缘瞄准。

2016 年里约奥运会女子仰泳半决赛中，中国运动员傅园慧的一句“我使出了洪荒之力”，成了新闻焦点。这句话其实就是很好的心理暗示。

试想，一般运动员在接受记者采访时，被问到“你觉得自己发挥如何？”“是不是保留了实力？”“能不能游得更好？”会怎么说？当然是谦虚嘛！说自己发挥还可以，争取好好休息，在决赛上有更好表现！

但小傅完全不落俗套，小姑娘特别兴奋，说自己完全没想到能游出这么好的水平，已经“使出了洪荒之力”，决赛也没有什么期望了，已经很满意！

记者都被逗乐了，你这不按常理出牌啊！但也就是这种老实的回答，反而减轻了她的压力。决赛中傅园慧拿到了铜牌，超出了教练赛前的预期。

总结一下这两章的内容：意象训练法，顾名思义，不是依赖四肢，而是依赖于大脑去做不断的练习。即便在休息、放松的时刻，仍然保持训练的状态。从接到某个重要任务的第一分钟起，就闭上眼睛想象自己站在舞台上，想象自己通过各种方式获胜、赢得别人的信任。而在日常训练和比赛中，也要做好自我对话，避免打卡式的低效训练。

26 “坚持”的正确打开方式：如何有效利用意志力

意志力资源

Willpower Resources

提炼出处

美国心理学家罗伊·鲍迈斯特。

简　　述

意志力是一种有限的资源，任何困难的事情包括工作、学习、减肥、控制情绪等都要消耗资源，因此需要有效利用资源。

适用场景

感觉自己对目标难以坚持时。

使用方法

一次专注于一件事，把困难的事情放在精力最充沛的时间做，合理饮食、睡眠以恢复意志力。

前文我们说到拖延症和意志力没有必然联系。那么，意志力究竟是什么？它最大的作用又是什么？本章将介绍意志力的塑造和利用。

首先要声明，关于意志力的问题，我向不同的心理学家请教过，这个概念在学术上仍然没有定论，最近几年还出现了较大的争议。

但好在我们不是写论文，只要介绍的方法管用就行。重点就从我本人和其他运动员的理解出发，分享我们的经验与体会。

每次出去演讲，都会有听众客客气气地提问："你们运动员是不是铁做的？那么枯燥的训练，你们都能十年如一日地坚持下来？"

正如前文介绍的，我小时候训练条件比较差，后勤保障也不好，每天最少训练五六个小时。

那么类似这样的重复性大量训练，为什么普通人做不到呢？

比如说想减肥，说了不喝奶茶，多锻炼，但是没几天就放弃了；看见好吃的也管不住自己的嘴，抵制不了这种诱惑。

这里看到的差距，就确实是意志力的差别了。但跟你想象的不一样，我并不完全同意“因为我们意志力强，所以我们是世界冠军”这样的结论。

我要说的恰恰相反：“因为我是世界冠军，所以意志力强大。”

听起来是不是有点复杂？

大家应该都注意到或者通过媒体了解到一种现象：很多运动员退役后，都会经历一段不适应期。比如体型会迅速变化，什么啤酒肚、双下巴全都出来，整个人都会快速“膨胀”。

我自己经历过退役自然知道，这种现象一方面是因为减少了锻炼，另一方面是因为退役后突然不知道该做什么了。

类似的，我也经常听到一些年轻人说，自己意志力最强的时候是高三。那时候早上5点起床读书，晚上10点准时睡觉，甚至每个课间该干什么都有安排，学习计划能够一直坚持下来。等到了大学，或者大学毕业、参加工作，意志力好像突然不见了，做什么都半途而废。

你看，无论是退役还是高三毕业，我们能看到一个现象，那就是意志力好像会突然消失。这就证明，并不是说我邓亚萍或者其他顶级运动员天生就意志力强，我们也不是在每一件事情上都很顽强。事实上，是我们从小接受的训练造就了我们。

一方面，长期的固定训练确实辛苦；但另一方面，这也是我们运动员比较幸运的一点——我们要面临的选择其实很简单。在我们职业生涯的每个阶段，该干什么，每一天训练的内容是什么，该怎么吃东西，这都是有教练、有专家给你提建议的。换句话说，普通人只有18岁那一年的高三，但是对我们来说，退役前的每一年都是高三！

为什么说很幸运呢？因为训练中很多时候要咬咬牙，但相对于退役后要完全靠自己做决定，去从事什么事业、读什么书、怎么工作，训练和比赛要简单清晰得多。说句大白话，当你有人管着，或者你有明确规划的时候，你一定会非常专注，看上去就显得意志力强了。

这时候你想想，意志力有什么用？

我个人的理解，就是意志力会影响你的决策能力。

意志力强的，更有可能坚持不懈，比赛时碰到逆风局面，越能扛过去，而且能快速作出反应。这种时候该怎么打？怎么调整战术？你都心中有数。相反，意志力差的，更有可能半途而废。就像赛场上我们说某个运动员“经不起事儿”，而且犹犹豫豫、摇摆不定。

所以，一是决策的力度，二是决策的速度，都是受意志力影响的。

讲到这里，我想你大致能理解了，看上去我们的确意志力挺强的，有一个原因就是要做的决策少。运动员只需要考虑怎么赢，就像高考的时候只需要考虑怎么考好，别的什么都不用管。

那为什么要考虑的事儿越少意志力就可能越强呢？这就涉及很多研究、很多专家都同意的一个观点：意志力是一种资源。

美国学者 40 年前做过一项实验，证明意志力就像是一个燃料池，我们每天做选择也好，做计划也好，去锻炼也好，各种各样的事，只要不是非常简单的，都要消耗我们的意志力资源。

虽说我向不同的心理学家请教的时候，他们就这个观点也存在争议，但是不妨碍它的确能解释我们生活中的一些现象。想想看，大家日常工作就在那儿坐着，似乎不费体力，怎么下班就觉得累到不想动呢？其实不是你的身体喊累，主要就是上班的时候费的意志力太多了，想个策划方案、琢磨老板的心思，甚至你心里想发火却要忍着，都要费些意志力资源。

同样，虽然我们当年训练的时候没有教练告诉我们意志力资源这个概念，但是我们的很多训练饮食计划的确也遵循了这个规律。

比如我们会把最困难的练习放在早上，因为早上人的精力是最充沛的，意志力资源也是最充足的。

在饮食上，也强调以高蛋白饮食为主，因为这些食物消化慢，能在更长时间给我们提供能量，这些能量也是维持意志力资源不可或缺的。

意志力资源固然有限，但是我们实际上也有方法合理地利用它，恰当地恢复它。在做日常工作的时候，可以选择在精力最充沛的时候，把最重要的或者最困难的事情先做完，肯定比拖在最后做效果要好。

同时，在给自己做规划的时候，也是越简单越好。

我们常说“断舍离”，目标也要“断舍离”，把最重要的目标放在首位，先去完成它。如果你什么时候觉得累了、坚持不了了，这个时候应该去休息，出去走一走，这也是能够帮助你恢复意志力资源的方式。

总结一下本章核心内容：

首先，我们得知道意志力资源是有限的，任何困难的事情，体力劳动也好，脑力劳动也好，甚至是管理你自己的情绪，都会消耗这种资源。

其次，既然这种资源有限，那我们就得合理使用它，同时在感觉自己的意志力快消耗完时，及时休息调整，加满“燃料”，更好地迎接挑战。

27 面对不确定的未来，我们该怎么办？

本书用20多章的篇幅，从我在国家队训练的技巧谈起，讲到精英运动员的个人小迷信，无非是要为大家证明，心理素质并不是天生说了算，而是可以有办法在后天锻炼的。

我希望能带给你这样的鼓舞。如果我没能做到，真是有一点难受。但我相信，终有一天你会发现：乐观、积极的心理素质，每个人都可以通过训练来实现。

最近几年就业环境始终不太好，很多朋友工作压力大，充满了不安全感。媒体也有铺天盖地的相关报道，从年轻人到中年人，只要是50岁以下的，最常见的情绪就是迷茫。突然不知道自己该干什么了，也不知道自己喜欢什么。

面对不确定的未来，我们该怎么办？

1997 年，我宣布从中国乒乓球队退役，表面看上去得到了所有人的祝福。但真实的情况呢？

退役前，我身上有很多标签：连续八年世界排名第一，获得 18 个世界冠军，女子乒乓球大满贯第一人，截至当时世界公认的女子乒乓球历史第一人。

但你知道这些意味着什么吗？这意味着，有 99% 的可能，那就已经是我的人生巅峰。几乎所有人都认定，这一定是你邓亚萍这辈子取得的最高成就。这也意味着，无论我未来 50 年做什么、怎么做，都几乎不可能超越自己前 20 年的成绩。

我如果去从政，就算成为局长、厅长甚至部长，那也不过是庞大系统里众多官员中的一位。我如果去经商，就算赚到了一百万、一千万、一个亿，甚至连上富豪榜的资格都没有。

我非常确定，我下半生的每一次出场，哪怕我去唱嘻哈、跳街舞，都会被介绍为“前世界冠军、前乒乓球运动员邓亚萍”，是吧？！

在那个时候，其实从任何角度来说，我的人生已经被紧紧封住了。在我面前的，是一条笔直无比、清晰无比的下坡路。所以，回过头来，当我现在听到有人说对未来感觉很迷茫、对未来感觉很灰暗，我发自内心地觉得，他们有点小题大做。

当年，我面对如此确定的、没有希望的未来，都不曾绝望，他们所谓的迷茫又从何谈起呢？到现在，我退役已经20多年了，现在回过头来看，我是不是真的走了一条下坡路呢？我不这么觉得。

确实，就算我拿了剑桥博士学位，就算我做过投资、做过管理，但在每一行里，都有很多比我更优秀的人才。可我做到了一点，那就是我向外人证明了：运动员，并不一定是四肢发达、头脑简单。

运动员，也可以有不一样的选择。

我一直记着胡适先生的一句话："成功不必在我，而功力必不唐捐。"是的，仅仅从我自己的事业而言，我的确不是最成功的代表。但我证明了一件事，或者说我做到了一件事：运动员可以有不一样的选择。

以后有成绩的运动员退役，在他面前可以选择的道路，一定不仅仅有做教练、带队伍而已。在他之前，已经有一个叫邓亚萍的人闯出了一条读博士、做投资、做管理的道路。

而且更让我自豪的是，他所承受的压力一定比我更小，因为他只要做得比邓亚萍更好就足够了。

他不用成为最有才华的博士，只要他做得比邓亚萍更好，就足够了；他不用成为最优秀的投资人，只要他赚得比邓亚萍更多，就足够了。他要承受的比较，已经不是运动员和非运动员的比较，而是他和邓亚萍的比较。

所以，从这个角度来说，我为自己感到自豪。

即使不那么关注篮球比赛的人，这几年可能也听过林书豪这个名字。林书豪是曾经效力于NBA，后来还到中国打过球的一位美籍华裔篮球选手。

他在一场比赛中曾经有9次失误，简直是灾难级的表现。结果当天晚上，林书豪接到了主教练的一个电话。

电话里主教练说："林书豪，你的下一场比赛，要再拿9次失误！"

我第一次听林书豪说这个故事时，真的被打动了。

赢球不难，胜利也不难。最难的就是被打趴下之后，还能鼓足勇气站起来。

我这一生，别人记住的都是我在赢球，但我自己记住的，却是一次次的失利后我都能重新站起来。

28 答喜马拉雅听友问

我在喜马拉雅平台的课程经常会收到听友提问，很多人好奇两个问题：

第一，国家乒乓球队平常练些什么？

第二，经常看到运动员在比赛前默默自语，就是在和自己做内心沟通；这种沟通或者自我鼓励，在日常生活中运用时有哪些要注意的地方？

先说第一个问题。回答这个问题我要先说明两点：一来我退役有一段时间了，二来一些专业训练就算说出来，普通人生活中也用不上。

我特别理解广大体育爱好者、读者对这个问题的好奇。显然大家很关注中国队为什么可以这么牛，为什么可以这么多年一直保持在巅峰位置，训练的诀窍有哪些。

以前在各种场合我向大家介绍过死亡训练法、刷蜡训练法、铁拍训练法，这些太过于专业，也远离一般人的锻炼需要，就不再赘述。下面介绍国家队训练的几个小细节，可以管窥顶级运动员的日常训练要求有多极致。

第一是体能训练。

从跳绳开始，1 分钟内 100 个双摇是必备素质，这要是跳不下来，就说明你腿部力量不行。哪怕是进中国国少队的球员，都要求通过跳绳测试，1 分钟 50 个以上。感兴趣的读者可以在家里试试，不一定要跳绳，原地跳跃 1 分钟试试也可以。

国乒男队还有一个纪录，那是刘国梁指导当教练时，有一次带着世界冠军们去爬深圳的京基 100 大厦，100 层楼，总高 441.8 米。最快的是郝帅，只用了 28 分钟。

第二是陪练。

在中国乒乓球队，男陪女是传统之一。每次大赛前，都会请一批男队员来和女队员打比赛。他们的速度和力量，对女队员是巨大考验。

除此之外，还会邀请那些优秀的国外选手来队里训练。针对新近击败了中国选手的外国运动员，国家队还会请一位队员模仿他的打法特色，甚至直接把这个选手请到队里来。

最让人过瘾的一次，应该就是2015年和2017年的世乒赛上，咱们的马龙和德国名将波尔一起组队出战男双比赛。这种跨国组合，既增强了比赛的观赏性，又对乒乓球的全球传播有帮助。

举这几个例子，其实也同时可以回应网友的一个经典提问："业余选手和职业运动员之间，究竟有多大的距离？"

我得老实说，这个差距，远远大于省队淘汰选手和世界冠军之间的距离。很多职业选手退役10年、20年后，和年轻的业余高手比赛，照样是砍瓜切菜。比如我自己，就有这个信心。

为什么呢？因为我们已经是靠预判打球，对方的每一个发球、回球，基本上都在我们的预料之中。我完全不用去和你比拼体力。

有些业余高手很喜欢发超短球，就是刚过网就下坠落台那种。确实在业余比赛中，这个套路很难防守。但如果你去看国际比赛，几乎没有人这么干，因为职业选手都形成了肌肉记忆，他们的预判和反应远非普通人能比。一定是你刚做出回球动作，我就在对面等着你了。所以一些看上去很惊险的回合，对方都已经大力扣杀了，专业选手都还能救回来。

现场观众觉得很刺激，热烈鼓掌。但我们就知道，这未必是最难的。还是那一条——预判。

说完乒乓球的一些“内幕”，接着来回答一个和心理建设相关的问题。前文提到，运动员在比赛前经常会默默自语，其实就是在和自己做内心沟通。有朋友想了解，这种沟通或者自我鼓励，有没有什么要注意的地方？

答案是有的。有几种常见的不合理信念，普通人经常会遇到。

第一种叫“完美主义”，换句话说，害怕失败。很多人喜欢对自己高标准、严要求，就算不至于每件事都要赢，但也都要问自己是不是做到了极致。

工作出了问题，完全不觉得公司或者老板有责任，只会批评自己没做好。有句话说得好，这些完美主义的朋友，觉得天塌了都跟自己有关。但你要知道，错误是学习过程中再正常不过的事，自我对话的目的是比上一次更好，而不是完美主义。

第二种不合理信念就是“社会认可”。“不仅要赢，而且还要赢得漂亮！”我们内心中，这种潜台词从来不曾缺席。这种压力，不知道你能不能扛得住，反正我是已经习惯了不在乎。

第三种不合理信念要隐蔽得多，叫“公平想象”。比如，“只要我刻苦训练，我就一定能发挥出色”。又如，“误判在比赛中是不能忍受的，是不公平的”。秉持“公平想象”的人，口头禅就是“应该……”“按道理……”

但实际上呢？一样是想太多。在比赛中，在生活中，在工作中，哪里有那么多裁判？而且有这时间和裁判较劲，还不如尽快平静下来，专注到下一个球、下一场比赛或下一个工作任务之中去。

但这里要强调一句，不是说公平不重要，只是对“绝对公平的想象”没那么重要。

附录

邓亚萍有很多故事要讲

（原文载《人物》杂志2019年10月刊，文 | 谢梦遥，编辑 | 金石）

中国最具国际知名度的乒乓球运动员邓亚萍作为主持人与凤凰网、合颂文化联合推出《中国体育英雄联盟》，采访体育界各个时期的领军人物。

名人采访的最佳状态是，不要把对方当成名人。避免仰视，建立亲密感，从双方都熟悉的话题切入——而这些条件，对于眼下这位没当过一天记者的小个子女士来说，恰恰是水到渠成的。世界冠军对世界冠军——“避免仰视”，达成。面对的几乎都是体育圈熟人，她发个信息，邀约基本就成功了——“建立亲密感”，达成。至于“从双方都熟悉的话题切入”，好像邓亚萍与他们聊点啥都成立。一个能够佐证气氛足够轻松的例子是，拍摄聂卫平这天，布景的间隙，“棋圣”和邓亚萍聊着天就睡着了，“大概睡了 20 分钟”。

接受《人物》采访时，邓亚萍表示希望通过节目打破刻板印象，让冠军们讲出更多的个人故事。对于《人物》来说，这次采访也是探索邓亚萍的机会。从一个因身高局限屡次被职业队放弃的小女孩，到得过 18 次世界冠军的顶级运动员，再到剑桥大学博士，她打破了很多不可能，完成了一场惊奇之旅。最近十年，她的身份先后是官员、投资人，昔日乒乓女皇转身还在继续。我们问了一些老生常谈的话题——有惊喜，也问了一些敏感话题——有回应。

谈新节目：我希望打破对运动员头脑简单、四肢发达的偏见

《人物》：为什么会想到做这样一个节目？

邓亚萍：大家对于运动员更多的了解局限在赛场上，我希望能够从所谓圈内人的视角去了解不同项目运动员场下的一些事情。每一个项目都有特殊的地方，但

也有很多共性。其实对我而言这也是一个很好的学习机会，因为每个人的成功都不是白来的。

我一直希望能够把这些运动员更多的面貌展现给大家。比如我，大家都觉得我特别凶，特别厉害，因为这是场上我比赛的时候给人的印象。其实我并没有那么凶。

还有一种认识，认为运动员是头脑简单、四肢发达的一帮人。真的不是这样。身体比我们好的多了去了，那为什么就我们能成功呢？包括我退役以后去读书，其实也一直试图能够打破这种偏见。

《人物》：印象中这是国内第一次由运动员来做运动员的访谈。以前你都是受访者，这次作为一个采访者，有挑战吗？

邓亚萍：我觉得挺好玩的。之前和导演组沟通时，我已经先把丑话说在前面。我说我没干过这个，我也不知道该怎么干。但是我一定会尽力。我觉得这种事情试试没什么关系的嘛。一次不行就两次，两次不行就三次嘛。

《人物》：有一些敏感问题，你会不会有点难以启齿？比如聂卫平的三次婚姻。

邓亚萍：对，总体来讲我不喜欢去扒人家的隐私，我觉得每个人有自己的生活，应该尊重个人自由。尤其像老聂三段婚姻，你非去问他每一段，这个我觉得有点太不近人情了。所以你看我非常委婉地问这个问题。

《人物》：没有穷追猛打？

邓亚萍：对。他们在和我聊的时候也都很放松，因为我们很熟悉。包括老聂，我们经常开着会，他就睡着了。

《人物》：我看到嘉宾名单，篮球和足球这两个最热门的运动反倒还没有人。

邓亚萍：现在选择的还都是中国传统的优势项目上的代表性人物。就竞技体育而言，我们自己有衡量的标准。作为一个运动员来讲，你可以喜欢他，没有任何问题。但是竞技体育是以成绩论英雄，不是以喜好论英雄。

谈职业生涯：我要是在场上微笑，会吓死她们

《人物》：你打球总喜欢喊一声“飒”，这个习惯是怎么来的？

邓亚萍：小时候好像大家都这样喊。但是可能我更特殊一点，就是更多一点。这些东西都没有任何刻意，因为你在场上不是演戏，你是真刀真枪在那儿干。

《人物》：你当年打球，眼神很凌厉，是不是也是一种心理上的较量？

邓亚萍：这是对的。因为我一路走来特别不容易，所以对自己要求是极其苛刻的，我绝不会放过任何一个球。从队内的比赛，到小比赛，到大比赛，我对我的对手来讲都是压迫性的。你知道打比赛的时候，两个人是势的较量，也是信心的较量。

某种程度上来讲，我面对一个对手，我能赢一次，就觉得能赢第二次。但是如果咱俩打，你一次都没赢过我，你告诉我你哪儿来的信心赢？我要求我自己，甭

管是什么比赛，能赢绝对赢，绝不会放松，为什么？因为我要保持这样一种强势的感觉，就是压迫，你甭想赢我。如果你从来就没赢过我，到了大赛的时候，你会有一种心理阴影。

《人物》：你要给对手造成这种心理阴影？

邓亚萍：对，我觉得也是对对手的一种尊重。

《人物》：所以练习赛都会这样？

邓亚萍：很认真。

《人物》：这种眼神压迫是怎么来的？

邓亚萍：发自内心，很自然的一种状态。有时候人的眼神其实反映内心的一种状态。为什么有这么狠的眼神？可能是因为知道自己没有退路。

《人物》：所以场上也不会微笑？

邓亚萍：不会。我要笑就会吓死她们。

《人物》：你跟乔红交手的时候，也会有这种眼神压迫吗，还是会变得不一样？

邓亚萍：总体来讲是一样，当然我会有所收敛，因为毕竟是队友，而且又是搭档。但是，大家都渴望赢。只不过你不需要表现得那么彻底，可能大家都藏在心里。你看中国球员跟中国球员比赛的时候，大家都是暗地较劲，跟外国人，那没关系，怎么都行。

《人物》：1994 年的日本广岛亚运会，你输给了何智丽（小山智丽）。因为涉及中日之战，对手又是前中国队员，你的感受是什么？

邓亚萍：我真的没想那么多。作为一个运动员，我们也不会过多地去思考政治因素。我们专心致志打好球，这是我们要干的事情。

何智丽在打亚运会之前，其实还输给我们的小队员，我们真的没把她看得很重，也没仔细地研究她。直到她和乔红打半决赛的时候，我已经进决赛了，我在旁边看，两个人回合特别特别多，一个球几十个回合。后来乔红输了，我的打法跟乔红是完全不同的，我是打不了几十个回合的人，主要是前三板。我当时心想，如果跟她打，我肯定就是按照自己的套路去打。

但是那天比赛的时候，何智丽确实发挥得太好了。我的进攻，能够连续扛三板的人不多。但那天她不光扛住我三板，还打得我到处跑。等于我的得分手段得不了分了，这下麻烦了，迫使局势形成相持，打到后边那不是我的特长了，所以那天被她拉到她的套路上了。我没那么好的防守，所以她一攻我就死，我又打不死她，那你说我怎么赢球？我打着打着就着急了。当时在现场没觉得怎么样，回到（亚运）村里，在日本，已经知道国内（舆论）都炸了。

《人物》：那场失败对你来讲消化得快吗？你用了多长时间走出来？

邓亚萍：输球其实本身很正常，我也不是神仙，不可能去到哪儿都赢。但是输了不能够永远输，你可以打回来的呀。所以我认为心态上不能输了就垂头丧气，就没办法面对。回来好好练，不要再发生第二次。没什么了不起的，输场球怎么了？谁没输过！

《人物》：那场失败会被赋予很多意义吗？

邓亚萍：我还是那句话，我们不可以想这么多，对我来讲，就是输了一场球，我输给小山也好大山也好，对我来讲就是输了场球。

《人物》：你当时能想得这么通透了？

邓亚萍：必须这样，作为一个优秀的运动员，你要善于排解这种压力。

谈竞争：让球很难评判对错，剃对手“光头”也是尊重

《人物》：当年面对何智丽、焦志敏的时候，会有面对敌人的感觉吗？

邓亚萍：不存在敌人，只存在对手。即使像我和乔红，我们也经常打到决赛，因为世界排名我第一，她第二嘛。我从来不认为她是敌人，只认为她是对手。双打，我们是搭档，我们的目标很一致。但是打到单打，那就是谁有本事谁赢，这很正常。越强的对手，我们会越尊重。只有与你旗鼓相当的对手，说白了，你赢球才赢得痛快，你赢一个菜鸟，都没劲的。

《人物》： 其实像何智丽、焦志敏的人生挺值得唏嘘，她们出国也是因为让球的决定而导致的吗？

邓亚萍： 个别人有这种情况。

《人物》： 那个时候你会遭遇让球的要求吗？

邓亚萍： 我觉得这些事很正常。在乒乓球队来讲，没什么新鲜的，就是这个传统。我们又不是一个人让球，多少人都让过的。

《人物》： 你也让过？

邓亚萍： 没有。因为到后来这种事就很少了。在我们那个时代，基本就没有再要求让球的时候。老运动员那一批人可能有，但到我们这批基本不再让球了。

《人物》： 你会怎么看待这个事情呢？

邓亚萍： 我觉得首先是服务，首先是大局。对于整个团队来讲，要服从这个团队的需要。有时候确实感觉对自己很不公平，因为你好不容易打到这个份上了。可能让了一次，永远也没机会了。这对于个人来讲，确实是谁都很难接受的一件事。但是，如果作为一个集体，面对一个集体的荣誉，我觉得你就需要去服从。所以很难评价这件事情完全对或者完全错，我认为要根据需要来看。

如果你只想个人的话，那为什么有些人他就要当陪练呢？都当主力不就行了？为什么有些人还甘愿去陪你练呢？对他来讲也不公平。

《人物》： 如果把你放那个位置，你会怎么做？

邓亚萍： 我觉得我会遵守。这个事不会是个人决定、个人意志主导，它不是对人，是对这件事本身，是关乎金牌能不能拿得到。所有的利益点是在集体，我觉得个人的牺牲要做。如果说不是建立在集体荣誉和国家利益之上，那我觉得凭什么要我让？那就是另外一回事。

《人物》： 确实也没在你身上发生过。

邓亚萍： 没有在我身上发生过。

《人物》： 但别人需要让你？

邓亚萍：不需要（笑）。

《人物》：你给对手剃过“光头”吗？好像传统来讲，要让一分对吗？

邓亚萍：那个时候要剃“光头”更狠，21 比 0。首先打 0 不容易，甭管能不能打 0，我觉得首先是尊重对手。如果这个时候你放她，可能是一种尊重，你不放她，打个 0，对她也是一种尊重。所以我不觉得我们一定要留个“面子”给对手，因为该怎样就是怎样，比赛就是这样。

《人物》：你打过对手 0 吗？

邓亚萍：我记不住了，分拿得少肯定还是有的。

《人物》：会让一下吗？比如说她只有一分的话，会再给她几分吗？

邓亚萍：没有。

《人物》：但现在好像这个传统就挺稳定的，11 比 0 好像就不行，会故意让一分，你怎么看？

邓亚萍：不一定吧。这次刘诗雯不是一样打个对手 0 了。

《人物》：你觉得这是对的还是不对的？

邓亚萍：我认为是对的。竞技体育谁会给谁留情面？你又不是打友谊赛，大家互相留个面儿。比赛就是比赛，能打几就打几，能打对手 0 也不是说局局能打 0，你有这个本事吗？反过来，你如果觉得这球打得太没面儿了，那你下次把对手也打个 0 啊！不要去奢求别人给你什么东西，你让我一分吧，求着，谁求谁呀？

谈竞技环境变化：现在的运动员，要更能抗压

《人物》：这些年来乒乓球的规则发生很多变化，你印象最深刻的一个变化是什么？

邓亚萍：我觉得是赛制的变化，21 分变 11 分。21 分的时候，我们可以用很多的策略，5 个发球一轮，而且单局时间够长，你有足够的时间调整战略。比如我可能需要先把对方注意力拉到其他方向，我就要让他先得

一两分，但是我还会打回来的。从战术上你输了，你输2球了，但是没关系，后边要赢10个呢，这是战略。我们会充分地调动、改变。现在的11分制，2个球一轮发球，很难用刚才我说的战略。

《人物》：当年巅峰状态的你，跟现在的中国打得最好的球员过招，谁会赢？

邓亚萍：没法比。每一个时代有每一个时代的打法，包括新技术的推出。但是我觉得乒乓球永远不变的是以快制胜，唯快不破。只要够快，你就把握住了主动权。旋转，是建立在快之上。我顶着你，我总让你拔不出手，你制造不了那么强的旋转，没有那么强的旋转，不就等于没用？

《人物》：这个时代还有一个变化，就是社交媒体，运动员每天要面对即时反馈。你想象过如果你的职业生涯在这个时代展开，会是什么样？

邓亚萍：现在这个时代，我是觉得对于运动员很大的考验就是，他更需要有抗压的能力。我们那个时候，相对来讲注意力会更集中一些，没有那么多的干扰。最多就是球迷打个电话来，那我们也不一定接得到，因为队里就那么一部电话。

《人物》：真的会有打来的?

邓亚萍：有，当然有。那时候主要是收信，球迷来信一麻袋一麻袋的，看不过来，也回不过来，所以只能是单向交流，不像现在是双向的，大家可以互动。那个时候还是在相对比较封闭的一个圈子里。

《人物》：在你的职业生涯中，有没有遭遇过外国球员给你当面的侮辱?

邓亚萍：没有。作为中国乒乓球运动员，其实是蛮幸福的，就是牛。你出去绝对腰杆很硬，奥运会限制名额，但世界锦标赛你知道我们报多少人?我们恨不得报二十几个人，因为是按世界排名来报名的，你有多少人报多少人。全世界的（乒乓球）运动员，都得学几句中文。他得到中国训练，或者有中国的教练教过他，如果这些都没有，那他基本上不着边。从老瓦（瓦尔德内尔）开始，到波尔，哪一个没到中国训练?不止一次，他们长时间、多次在中国训练。所以大家都很友好，因为我们中国人从来不会欺负别人。

《人物》：像孙杨在游泳世锦赛上面对的羞辱，如果是你在现场，会怎么应对呢？

邓亚萍：（孙杨）这种回应也没什么，算不上过分。孙杨说他是 loser，他不是个 loser 吗？有本事他可以赢孙杨，但私下的小动作算什么？小丑。

我觉得有点太过了，他首先不尊重他自己，也不尊重国际泳联，不尊重举办国和现场观众。你可以对某个人有意见，那你该去哪里反映就去那里反映去。这个事又不是没组织，有国际单项协会，有奥委会，有国际仲裁协会。就算有一百个不满意，你该告谁去告谁去，那是你该行使的权利，只要你有证据就行。运动员学会的首先是什么？尊重规则。

谈退役：生涯最后两年，打球带来的不是快乐

《人物》：你 24 岁退役，当时还是世界排名第一，那时伤病已经到了让你完全不能打球的程度了吗？

邓亚萍：不是说完全不能打，但是打球对于我来

讲已经感觉很难受了，就是每天的训练给我带来的不是快乐。

训练之前需要做40分钟到1个小时的准备，因为伤很多，我要把所有伤的地方固定好、缠好，然后队医让我拉开（筋），就是热身。人家已经练1个小时了，这时候我才上场，再练1个小时，整个队训练就结束了。不管医生也好还是教练也好，都认为我不能再练了，不让练当然某种程度上也是一种保护。但是对于我来讲，练多少是以我自己心里的感觉为准。

《人物》：这种痛苦状态在退役前持续了大概多久？

邓亚萍：大概有两年的时间，越来越重了。从腰到脚腕，还有脖子。主要是脚有骨刺。如果你跑得不多，它不扎你，也不疼。但是你跑得多，脚部充血以后会肿，只要一发力，骨刺会扎在肉里。我当时已经无法下脚，一踩就疼，根本没法动，这让我太难过了。因为我个矮，又不能不跑，不跑就够不着球。

《人物》：那种伤病放在今天，用现在的医学手段治疗的话，你的运动生命可能会延长？

邓亚萍：也许，但不好说。那个时候也有医生会诊提出方案，比如把骨刺给削了，不就不疼了嘛。但是这只是一种临时措施，并不能根治，只能是解决一时的痛苦。当时医生也不建议做手术，要求保守治疗。

《人物》：是不是退役的想法早就出现了？

邓亚萍：对，其实是1996年奥运会打完以后就有这个想法。乔红、刘伟、乔云萍三个人，都是打完1996年奥运会就退了。我也想退，队里不同意。我们几个全退了，剩下小队员怎么办啊？只能是坚持了。所以当时主要就是带小的这批，王楠、李菊、杨影。当时队里想让我再打后边的比赛，也取决于她们的成长速度。如果成长得快一点，那我就轻松一些，如果成长得慢一点，那我就随时要上场。到后期基本上我属于随时待命，看她们不行就顶上去，行就让她们多打。

《人物》：所以你1997年打完世界锦标赛后去清华大学读书，就退役了？

邓亚萍：一般来讲是这样说，因为我后边没再打什么比赛了。但实质上根本没让我退。我说我要去读书，上面说你去读吧，读书你也得回来训练，得保持状态。我在清华读书，在学校住，但是那时要求我一周回国家队训练三次。年底全运会打完，国家队也仍然不让退。

到了 1998 年上半年，我已经在国际奥委会任职了，所以希望去英国学语言，另外 1998 年上半年也没有重大比赛，当时队里同意了，但要求最多三个月。到英国学了三个月以后，发现时间根本不够，我得再延长些时间，队里说再给你最多俩月，届时无论如何得回。我印象中是 7 月或 8 月份回来了，准备年底的亚运会。队里又研究决定，亚运会还是用小队员吧，你先待命，不用去打了。结果她们打得挺好，基本上这个时候就放心了，等于我护送了她们那么长的时间。

《人物》：在那一刻之后，你就知道职业生涯结束了。

邓亚萍：基本上是。如果需要，我还可以再去恢复。我到现在都没有正式的退役仪式，就是逐渐淡出。

《人物》：会遗憾吗，没有那样一个仪式？

邓亚萍：也可能我们那个时代没有这样特别的退

役形式。因为不光是我，很多运动员都是说退役就退役了。这可能和我们的文化传统有点关系，有时候就是需要低调淡出。

《人物》：真正退役的这天来临的时候，你更多的是快乐还是痛苦？

邓亚萍：觉得挺开心的。因为我之前一直活在公众的视野下，所以那时候出国留学感觉挺开心。做决定之前考虑得比较多，包括征求大家的意见等。但是一旦做了决定以后，这件事情已经过去了，翻篇儿了，不会纠结。而且对于我来讲，该拿的都拿了，可能稍微有一点小遗憾就是混双没拿过冠军，和孔令辉蝉联两届亚军。

谈成长：在我的坚持下，萨马兰奇给我写了博士推荐信

《人物》：你怎么描述刚退役时的自己，抛开球员这个身份？比如领导力、口才。

邓亚萍：其实我小的时候还是非常自信的一个小姑娘。一年级开始我就是班长，我觉得自己应该有一点领导力。（后来）因为职业生涯极度打击我，到省队，省

队不要；到国家队，国家队进不去，所以那时我的心态是很压抑的，极度不自信。尤其是讲话，别说对公众了，队里讲话我都讲不清楚。

我记得刚进国家队的时候，大约在1989年初，我们打完比赛都会有总结。轮到我了，按说既然写好了你就念嘛，但我整个总结是哆哆嗦嗦念出来的，所有人都笑，我就没办法控制自己。

那时候只要见到记者我就跑了，从来不敢接受采访，不知道该说什么。后来发现不行，总这样可不成，就开始留意老队员——这些世界冠军——接受采访的时候都说什么，在旁边偷偷地学，慢慢就好了。都是不断地积累吧。

《人物》：在今天来看，像你这样的表达力和演讲能力的人，中国运动员不多见。

邓亚萍：我要感谢的是在英国留学的经历，还包括在国际奥委会工作的经历。我曾经受过刺激。第一次去国际奥委会开会，我需要带翻译去，因为我语言完全不行。在现场我是个局外人，这让自己很难过。后来就觉得这样不行，必须先过语言关。

1999年，我去给全世界的乒乓球教练员培训，需要上课，需要演讲。英国诺丁汉大学的校长专门安排了老师教我，从演讲的架构到怎样去互动，我非常受益。

《人物》：为什么要读到剑桥的经济学博士？

邓亚萍：在国际奥委会工作期间，语言关过了，但我发现听懂别人说什么还有点难，还需要更多的知识，所以就继续学，读硕士。读完硕士以后，又发现真正推动奥林匹克运动发展的是商业，我觉得它是根本，所以要再去学。

当时我的导师很明确地对我讲，推荐信很重要。我问他，你觉得谁写的行？他说老萨（萨马兰奇），所以我才去找老萨。老萨一开始不同意，也不给写，他觉得硕士就够了，但是我一直坚持。老萨说，你回去工作吧，我说我一定会回去。后来他看我很坚决，确实真的想读，还是给我写了。

《人物》：你现在怎么看读博士这个决定呢？

邓亚萍：非常正确。可以说从2003年开始，让我对商业有了更深入的了解，受益匪浅，懂了经济逻辑，有了观点和方法论。

《人物》： 2016年你进军体育产业投资，其实2013年至2016年，你还是在人民搜索那边。

邓亚萍： 对，在处理所有善后的工作。

《人物》： 我在网上搜相关新闻，对于一些谣言，你没有公开澄清过，你为什么选择那样一种方式？

邓亚萍： 需要这样做。时间会说话的。

谈日常生活：让孩子打乒乓球，是因为想让他吃苦

《人物》： 你的孩子9岁才开始打乒乓球，为什么他进入这行会这么晚呢？

邓亚萍： 他自己不太喜欢，也可能从小觉得乒乓球对他来讲压力太大了。但是我从来也不拿自己的经历来要求他，从来没逼他。

《人物》： 最后怎么还是进入了这个领域？

邓亚萍：我觉得对于孩子的培养，需要让他吃点苦。

《人物》：是你推着他进入这个领域吗？

邓亚萍：对。一开始他喜欢踢足球和打篮球，还打了不到一年的羽毛球，我都无所谓，让他玩去吧。但是到了这个年龄，我认为他应该去吃苦了。老实说，我们小的时候没有童年，我觉得他已经有快乐的童年了。就这么混过去，没有任何益处。我说你篮球和足球都没戏，要学个打乒乓球，可能还凑合。他一开始没太大兴趣，不过毕竟是孩子，再小的孩子都想赢，所以上来我就教了他一点能快速赢球的方法。什么呢？发球。教练教球，常规的教法不会上来教你发球的，先打基本功，正手、反手各方面的技术，搓球，等等。但正因为他发球发好了能得分，还能吃我的球，于是就产生兴趣。他没去专业队，现在就是在中学校队。

《人物》：你的光环对他来说也是一种压力吧？

邓亚萍：我觉得他还是蛮能消化这些所谓的压力的。看他成长，我突然意识到“佛系”是这个意思。他自己能释放，不行就不行吧。但是我不希望他释放，我说，谁跟你说不行就不行了？不能不行啊。我希望他能够对自己要求更高一点。

《人物》： 你现在的锻炼方式还是乒乓球吗？

邓亚萍： 羽毛球。

《人物》： 不是乒乓球？

邓亚萍： 因为一项运动我们打到这个份上，可能不能说不喜欢，就是觉得玩这个已经没有什么新鲜感了。也不可能说找到很强的对手，感觉更没劲了。

《人物》： 为什么会是羽毛球呢？

邓亚萍： 羽毛球也是机缘巧合。我退役后去英国留学，在英国羽毛球很普及。中国留学生也在那儿打羽毛球。我一开始真的不会，不过打球的意识是有的，身体协调性和步伐也是有的。那时候记得特别清楚，乒乓球是手在哪儿，拍子在哪儿，羽毛球拍还长出一截，朋友们就开我玩笑说你得跑慢一点。

《人物》： 你在打羽毛球的时候也会喊“飒”？

邓亚萍：那不至于，但是会很认真，因为习惯了。

《人物》：羽毛球打得怎么样？

邓亚萍：凑合吧。只在清华校友间打一打。也没那么多的时间去专门点对点地练习某一个动作或某一项技术，基本上来就打比赛。

《人物》：会不会有那种业余乒乓球打得特别好的人，总是幻想能够赢你？

邓亚萍：不可能。可能有人想试试，试完以后就知道了，不可能再叫板的。

《人物》：有没有信心满满的业余选手来找你，结果大败？

邓亚萍：有过。其实我们专业选手有时候不需要刻意进攻就能得分，因为乒乓球一是有旋转，二是靠控制。业余选手最根本的问题是没有步伐，因为步伐要从小练，而且是很苦的，需要一板一眼积累、熟练。你没有步伐是抢不到位，也抢不了攻的。即使你有了步伐，如果我控制球非常严密，你还是上不了手，那你怎么得分呢？

《人物》：那能打到什么程度呢？

邓亚萍：取决于我们的手有多紧多松。当时我在奥组委工作，有一批爱好者非要邀请我去跟他们打一打。我上来“啪啪啪”练几个球以后，就基本知道他们的水平，知道可以控制松一点还是紧一点。但水平高的人得分反而少，你明白我意思吗？第一拍打得不太好，我放他一马，开开心心就行了。打得不错的，我手会稍微紧一点，但是我紧一点以后，他打不着。

《人物》：18个世界冠军，4块奥运会金牌，这么多奖杯现在放在哪呢？

邓亚萍：都收起来了，打包。因为打球这个事已经结束了，这辈子也不可能再打了。所以把它收起来以后，就意味着再怎么辉煌也已经过去了，你需要重新上路，不再背负以前这些荣誉，把它放下。

《人物》：所以这些年就都没有再拿出来陈列过了？

邓亚萍：全部收起来了，真的就是打包在箱子里，连孩子都没看见过。

不要让从名校毕业成为你一生最大的成就 *

尊敬的各位老师，亲爱的同学们、家长们、朋友们，大家上午好！

今天很荣幸作为见证者，参加学弟学妹们的毕业典礼。我从清华毕业的时候是 2001 年，18 年前。那一刻的感觉，我到现在都还记得：终于毕业了！

但是你们知道吗？那次是只有我一个人的毕业典礼。因为我要去莫斯科参加 2008 年申奥陈述，赶不上学校举行的毕业典礼，所以学校在外语系专门为我举办了一个人的毕业典礼。当时就觉得，咱们这清华大学的学历，可比世界冠军难拿多了！

今天，我从台下走到了台上，想先问大家一个问题："清华"这两个字，对各位学弟学妹意味着什么？

---

* 本文为作者 2019 年 7 月 8 日在清华大学人文学院 2019 届毕业典礼上的讲话。

可能意味着荣誉，意味着骄傲，意味着过去几年的刻苦学习；意味着初恋，意味着失恋，或者更大的可能，意味着四年的单身。不用怕，因为可能还有第五年、第六年。

作为学姐，我想和大家分享的是，小心“清华”两个字变成你的枷锁。

其实认真算起来，我第一次“毕业”是在 1997 年，我宣布从乒乓球队退役。“世界冠军”这个身份，就差点成为我的枷锁。那年我刚满 24 岁，当时的名气可不比现在的流量明星差。我退役前，已经是连续八年的世界排名第一，获得了 18 个世界冠军，女子乒乓球大满贯第一人，截至当时世界公认的、历史上最优秀的女运动员。

但你们知道这意味着什么吗？这意味着，有 99% 的可能，那就已经是我的人生巅峰。几乎所有人都认定，那就是你邓亚萍这辈子取得的最高成就。意味着无论我未来 50 年做什么、怎么做，都极大概率不能超越自己前 20 年的成绩。

我如果去从政，就算做成了处长、厅长甚至部长，那也不过是众多官员中的一位。我如果去经商，就算赚到了 100 万、1 000 万、1 个亿，甚至连富豪榜都挤不进去。你说我这下半辈子，还有什么意思？

我非常确定，我下半生的每一次出场，哪怕我去唱嘻哈、跳街舞，都会被介绍说是“前世界冠军、前女子乒乓球运动员邓亚萍”。比如刚才，老师就是这么介绍我的，对吧？！

在那个时候，其实从任何角度来说，我的人生已经被紧紧封住了。在我面前，是一条笔直的、清晰的下坡路。没救了。

所以，有时候听到年轻人说迷茫，我就觉得好笑。对不起，他们没有这个资格。在座的每一位，你们都没有这个资格。连我面对如此“黑暗”的未来都不曾绝望，你们的迷茫又从何谈起呢？

我退役前就开始考虑之后究竟要去干什么，周围人 99% 都建议我当教练。当教练，带出来全国冠军；当个更大的教练，带出来世界冠军；再当总教练，带出更多的世界冠军。这也是以往的运动员退役后，最顺理成章的一条道路。甚至直到两个月前，我去央视解说世乒赛，都有很多观众非常热心甚至是带着惋惜的语气留言：“唉，邓亚萍解说真好，不去当教练真可惜了！”

咱们中国社会有个特点，但凡你做出点特立独行的、不一样的事，大家就会围上来，用特别好心、特别温暖的语气给你提建议：“别这么干。”

可我那时候就是不想当教练。反正面前一定是一条下坡路了，那我就要做点不一样的事。你们不是觉得运动员四肢发达、头脑简单吗？你们不是觉得运动员读书都是镀金，都是骗学历吗？那我偏不信，我偏要证明给别人看，运动员也能做学问！

我就较上劲了。所以，这就是我退役后到清华大学求学的初衷，我就是想要挑战这种偏见。

母校当年录取我，也顶着不小的压力。外界有评论说，录取邓亚萍，你们清华是不是在傍名人、捧明星？但老师们经过集体讨论，遵循“鼓励差异、用人所长”的传统，同意我入学。所以我从来不曾松懈，一篇英文演讲稿，可能你们不到半天的时间就能记下来，我要一句话一句话地模仿，就得花上一个月。

但就是在这样一个过程中，虽然很艰辛，很困难，但是慢慢的我开始找到一点自信，感觉自己并不是那么笨。说不定，还真能做点学问。直到 11 年后，我从剑桥大学博士毕业的那一刻，才敢对母校说：你看，我邓亚萍没有给咱清华丢脸！

学士毕业、硕士毕业、博士毕业，加起来，算是我人生的第二次毕业。这一次毕业，虽然没有了我退役时的光环，不会被那么多媒体报道，但对我自己来说，却更加自豪。

你可能会问，这有啥特别的，邓亚萍你真的成功了吗？事实上自我退役之后，各种质疑、批评的声音从来没断过。我都知道。

一件事如果做好了，那是因为我借助奥运冠军的名气；如果没做好，很多人就开始嘲笑："你看！果然搞砸了吧！"但我一直记着胡适先生的一句话："成功不必在我，而功力必不唐捐。"

是的，仅仅从自己的事业而言，我的确不是最成功的代表。但我证明了一件事，或者说我做到了一件事，那就是运动员可以有不一样的选择。

你想想，如果再有一个运动员退役，那么他面临的选择，一定不仅是做教练、带队伍。在他前面，已经有一个叫邓亚萍的人，闯出了一条读博士、做投资、做管理的道路。而且更让我自豪的是，他所承受的压力，一定比我要更小。因为他只要做得比邓亚萍更好就足够了。

他不用成为最有才华的博士，只要他学问比邓亚萍更扎实就足够了。他不用成为最有眼光的投资人，只要他赚得比邓亚萍更多就足够了。他要承受的比较，已经不是运动员和非运动员的比较，而是他和邓亚萍的比较。

对这一点，我一直都非常骄傲。媒体也好，舆论也好，大部分只关心你的成绩，而不会关心你做一件事的意义。但对我自己来说，这才是最大的价值。

刚才说这是我人生的第二次毕业，但很快，我发现自己又遇到难题了。2008 年，我在剑桥大学拿到了正儿八经的博士学位。我突然成为女博士了！

在座的各位，女博士不少吧？

在咱们人文学院，女生的比例也应该比男生更高吧？那你们一定知道，一个女博士毕业了，会面对多少社会的压力。直到今天，我的微博留言和私信里，还不停地有人说："邓亚萍，你都快 50 的人了，好好相夫教子不行吗？你都这么强了，你还想干嘛呀！"

我就纳闷了，什么叫"你还想干嘛呀"？我做投资、做管理、做咨询，这不都是工作吗？哦，如果一位男士中年转行，你们就说他是勇于挑战；一位女士中年转行，你们就留言说“你要干嘛？”

凭什么啊！对不对！学妹们！

其实说了这么多，我也知道清华学子身上所背负的压力。你们从四年前甚至十年前起，就被父母、老师、同学以及周围其他人寄予厚望。所有人都在等待着你们成功，而且是“大成功”。学业上、工作上出了点成绩，一听说你是清华毕业的，“哦，怪不得……”如果出了问题，那语气就变成“清华的就这水平呀！”整个社会用最高的标准来要求咱们清华人。

你周围的每一个人，都会给你温暖的提醒：“你应该去留学”“你应该去外企”“你应该去静下心来做研究”。每一次提醒，都包含“应该”和“不应该”。

可是，凭什么呢？凭什么清华学生毕业，就只有那么几条道路可以选择呢？我深深祝福、期望每一位学弟学妹，都能够打破周围的偏见和枷锁。

回首过往，我第一次毕业，从乒乓球队退役，最大的成就不是那些金牌，而是证明了个子矮的运动员同样可以拿世界冠军。以前那些因为个子矮，在第一轮就会被教练刷下来的小队员，在邓亚萍出现之后，他们获得了更多的机会。

第二次毕业，是学业上的毕业。我拿到的不仅是一张文凭，而且向后来人证明了运动员也能来读书！运动员不等于“四肢发达、头脑简单”！

现在，我期待着第三次毕业。我希望能让性别不再成为世人关注的焦点。

同学们，今年全国高考人数超过了 1 000 万，而咱们清华的录取名额大概只有 3 000 人。也就是说只有大概 0.03% 的同龄人才能考上清华大学。我自豪的是，没有让“世界冠军”这四个字成为我一生中唯一的成就；我也祝福各位同学，不要让从清华毕业成为你一生最大的成就。

从今天这一刻起，我祝福你放下一切，从零开始。只有一点，希望能留在你的心里，那就是咱们清华人的“骄傲”。我们是可以打破所有的偏见，但有一个“偏见”希望你能留在心中，那就是“自强不息，厚德载物”。

君子应该像天宇一样运行不息，即使颠沛流离，也不屈不挠；如果你是君子，接物度量要像大地一样，没有什么东西不能承载。我们的每一个选择、每一项工作，不仅仅是为了自己，应该是为了更广阔的人群，为了人民，为了祖国，最终应该是为了整个人类。

为祖国健康工作五十年，清华人，加油！

影响我一生的清华体育

清华大学的求学时光，是我第二段体育生涯的开始。

很多球迷朋友熟悉的是我作为体育人的前半部分：从 1988 年到 1996 年奥运会总共 18 个世界冠军的乒乓岁月，乒乓球史上排名世界第一时间最长的女运动员。但可能只有我自己最清楚，1996 年退役后来到清华园求学，这不仅标志着职业生涯的转型，也是我对“体育”二字产生新的理解的开始。

退役前的焦虑

在来清华时，我已经打了 17 年乒乓球，距离第一次获得世界冠军也已经过去了 8 年时间。一方面，有过职业生涯的高光时刻，同时也落下了一身的伤病。而在另一方面，我既是竞技体育举国体制下的受益者，又是一个“叛逆者”。

在来清华之前，我更多从事的是竞技体育的训练和比赛。从小时候练乒乓球开始，我的目标就很清晰，就是要拿冠军。中间自然经历过很多波折，比如身材矮小、技术被针对等。但最终的目标一直没有变过，在国家队，教练鼓励我们要为国争光；在赛场上，我们要做的就是研究对手、打败对手。

冠军只有那一个。尤其是对咱们中国球员来说，拿亚军，就意味着失败。

所以当你年岁渐长、满身伤病时，“体育”二字更多成为了一种压力。不能输、不敢输，类似当年女排五连冠时所面对的压力一样。退役，成了摆在我面前的选择。

但我想做些不一样的决定，在退役前，就一直在思考“叛逆”。

在体工队年代，在举国体制下，之前的中国运动员退役，主要有两条路：从政、从教。要么进入体育行政系统，成为一名优秀的官员；要么成为一名教练，为国家培养下一代人才。

此外还有像李宁这样投身商界的代表，更多的运动员退役后转型艰难，难以融入不断变化的社会。

但是我却发现，当时国外的运动员退役后，似乎能有一些完全不同的人生，他们退役但不“退休”，无论是做公益还是做商业，做投资还是做实业，都能走出一段不同的人生。

因此在退役前，我对未来的构想其实和体育关系不大。我想要的是某种和体育完全无关的选择，总觉得需要补足自己在文化教育上的短板，这样才能更适应21世纪的到来。

结缘清华

我跟清华结缘是在一个偶然的场合，时间是1996年，地点是隔壁的北大。

当时，央视搞了一个乒乓球擂台赛，第一站在北大，擂台赛中间，我在休息室里遇到了国家体委伍绍祖主任和北大陈佳洱校长。

伍主任问我：小邓，听说你想退役，退役后有什么打算呀？

我说：我想去读书。大家都说运动员头脑简单四肢发达，我想证明给大家看，运动员读书也没问题。

陈校长立马表态：读书好呀，欢迎你来北大学习。

伍主任打断陈校长说：不行不行，她要去清华。

原来，伍主任是清华工程物理系的老校友。

就这样，我被推荐到了清华大学。

清华大学的体育精神

当我来到清华大学后，我反而看到了“体育”两个字的另外一面。

首先让我意外的是学校对于体育教育的重视程度。原本以为学校里应该是书卷气十足，没想到四处都是在跑步、打球的同学。

咱们清华不是还有个外号叫五道口体校吗？我入学的时候，本科生就要求男生 3 000 米、女生 1 500 米必须合格。而老校长蒋南翔的那句“为祖国健康工作五十年”，更是无处不在。

慢慢地我发现，在清华园里，“体育”两个字并不等于“比赛”，也不等于“输赢”。

几年前有篇文章题为《清华大学教授：孩子最应该学好的是体育课》，很多家长、搞教育的都在转发，作者就是清华大学苏世民书院原院长李稻葵教授。李教授注意到一个现象：国际上有些领导人和商界精英是职业或业余体育运动员出身！西方的精英大学也注重培养有运动员背景的学生。

不仅仅是李教授，国内教育界的很多朋友也都多次向我表达过对体育教育的重视。他们甚至说：不懂体育就不懂教育。

国外有句谚语，Sanity lives in healthy body（健全的精神寄于健全的身体）。国外教育体系之所以重视对学生的体育教育，是因为体育的本质是人格教育。体育不仅是强健体魄，更能塑造自信心、纪律性、坚韧性、团队合作等品质，让人更懂得尊重对手、尊重观众、尊重规则，既要善于团队合作又要勇于担当，既要善于竞争又能在困境中学会忍耐和坚持。

这才是符合社会需要的人才。

第二段体育人生

这种理念的转变，让我慢慢迎来了自己的第二段体育人生。

改变首先发生在我的学习之中。我发现，自己多年的体育训练并不是让我变得“头脑简单”，反而让我在学习的毅力和方法上，有了自己的优势。以背单词为例，每天早早起来死记硬背，对其他人来说也许是种折磨，但对从小负重训练的我来说并没有很高的门槛。

我刚开始学英语时，进度缓慢、口音也不标准。但我并不焦虑，因为再难也不过如此，以前乒乓球训练时，哪个技术动作不是历经千锤百炼方才成行？之前多年的体育锻炼，在学校里反而成了我学习的助力，成了我的独特优势。

所以并不是四肢发达就会头脑简单，相反，对一个成功的运动员而言，头脑发达同样是竞技体育成功的必要条件。没有快速反应能力、学习能力、控制能力和抗压能力，是不可能获得比赛胜利的。而这些能力，几乎是每个行业的通用技能。

当时的一位校领导鼓励我说，清华大学可以培养各种各样的人才。不仅可以培养学霸，也可以培养专业突出、拥有某些特殊技能的人才。他还说，一般学校培养的是流水线上的学生，像我是上不了流水线的，但是清华大学有能力将我身上的独特潜质挖掘出来。

所以现在回想起来，我首先感谢学校的是，让我能放下对于体育的偏见，让我能发现体育人生对我人格、性格的正面影响。放下了对输赢的执念和焦虑后，我以一种新的身份和“体育”重新走到了一起。

我变成了体育的推广者

后来，我很荣幸地参与了1993年和2001年两次奥运会的申办工作。2001年北京申办奥运会的时候，我在国际奥委会工作，接到任务时我正在英国留学，组织上要求我要利用各种场合找各种机会来做委员的工作，让国际奥委会委员了解中国、了解北京。

于是我和同事们一起，不仅去世界各地游说奥委会委员，还带着他们走在北京的大街小巷，倾听中国人民对奥运最朴素的渴望。

我经常举一个例子，在北京一个商场里，一位售货员大姐认出我后，拜托我一定要申奥成功。原因竟然是申奥成功后，她家的老房子就可以拆迁，自己能住进更宽敞的新房子里。

这样的故事，让我看到了体育在另一个维度对我们每个人的影响，也帮助国际奥委会的委员们看到了体育对于中国社会的深层影响。

最终，2001年7月13日，北京奥运会申办成功！

现在的生活

从清华大学毕业后，我的人生和体育反而更亲近了。无论是申奥还是后来做公益、做投资，都和体育密切相关。我们和中国妇女发展基金会共同发起一个公益项目，在乡村建立体育室，帮助更多乡村老人、妇女和儿童接触体育，使他们身心更加健康。

在清华大学的经历让我确信一点：不仅知识能改变命运，体育同样也能改变命运。我们未必是要在那里找到新的世界冠军，而是期望通过体育来培养农村孩子对规则的尊重、对激情的热爱，增强孩子们挑战自己、挑战更高更快的信心。

如今，我的儿子也在练习打乒乓球，前段时间刚刚拿到北京市男子单打第一名的好成绩。2020 年是极为特殊的一年，疫情期间，儿子没去学校上学，我也不能出差，基本每天都会陪着儿子打 3 个小时乒乓球。

重点同样不是要培养他成为专业运动员，或者进入国家队，而是我坚信“体育之效，在于强筋骨、增意志，擅竞争，耐高压”。时间长了，我相信儿子就会发现，打乒乓球的苦不会白吃，他会有更强大的自控能力和执行力。

回首这20余年，从退役到毕业，从商业到公益，我的每一个脚印，都和清华园有难解难分的情缘。体育不再等于金牌，变成了我的一种生活方式，更成了我内在坚守的理念和信仰。

所以究竟什么是体育？体育之于清华人的意义究竟是什么？或许马约翰教授的这段话是最好的注解：“体育的功效最重要的是培养人格，补充教育的不足，教你们注意自己，培养一种实干的精神，负责任，帮助别人……体育是培养人格最好的工具。”

这，就是清华的体育精神。

给孩子的一封信：情愿你痛，也不愿你甩锅人生

退役 20 多年后，我不再是世界冠军，也有了一个新的身份：一个 13 岁小伙子的妈妈。和很多当妈的一样，我同样担心孩子不够自信、不够坚强，担心孩子耐挫力不够。所以有一次临近过年我给孩子写了封家书，和他聊聊心里话。

瀚铭同学：

仔细回想，妈妈提笔给你写信的次数屈指可数，今天用这种传统的、正式的、略带仪式感的方式，来与你做一次深度的倾诉与沟通。你从呱呱坠地到牙牙学语，从蹒跚学步的幼年到懵懵懂懂的少年，妈妈在你的成长过程中，也许并没有扮演传统的母亲角色。我总是强势的，严厉的，一直推动着你向前奔跑，从不停歇，无论

对你的学业、生活还是乒乓。

乒乓球，是我们家庭生活不可分割的一部分。

四年前，你下定决心开始练乒乓球，现在已经是北京二队的成员了，这很好。妈妈知道，你时常会因为是我的儿子——邓亚萍的儿子、世界冠军的儿子——受到来自周遭无形的压力。你听到过不少“有一个世界冠军老妈当教练，你要再混不出来可就说不过去了”之类的话，他们都以为，我每天给你秘密特训，教你一些什么特别的绝招。

但就像妈妈强调过的那样，从你一开始握住乒乓球拍，就没有要求你必须站到最高领奖台被全世界瞩目。妈妈真正想让你获得的，其实是那种霸气，那种精神素质，无论遇到什么挑战都敢打敢拼的意志品质。说白了，就是理解“关键时刻怎么赢”。

真正比赛的时候，你的技战术熟练，对方的技战术也一样。光论实力，你们差不多。这时候怎么办？怎么把“关键时刻”给他拿下来？凭的是心理素质，凭你比对方更狠、更坚定。

我不是在给你灌鸡汤，说什么“不要紧张”的废话。关键时刻怎么赢？一般人就在那不断暗示自己“不要紧张”。但真正的赢家才知道，秘诀在于：面对关键时刻，手少抖一些的人才会赢。

妈妈在打世界大赛时，落后的时候多了去了。1996年亚特兰大奥运会女单决赛的时候，我领先两局，然后被陈静阿姨连追两盘，然后被拖到决胜局。我真能不紧张吗？大好局面，结果连输两局，傻啦！我当然会紧张。但我最后还是赢了，而且还是21比5的悬殊比分。这也是你老妈最自豪的比赛之一。

邓亚萍一家三口

邓亚萍（中）与陈静（左）分获 1996 年奥运会乒乓球女单冠亚军

那么多人在看，那么多人对我寄予厚望，不紧张？不可能！妈妈的心跳也会加速，思绪也会变得混乱，手也会发抖。但为什么妈妈可以把这些“关键时刻”都赢下来？因为我会手抖，对方也会抖，但我可以控制，让手抖的幅度比较小呀！我和对手的技战术水平差不多，身体状况也差不多，我能战胜他们，原因只有一个：妈妈的手，抖动的幅度比较小，所以我打出的球，就比她们更精准。

这说明什么呢？我能控制我自己，就能控制比赛。

我说得更直接一点：比赛场上，关键时刻，你唯一能控制的就是你自己。谁控制得更好，谁就能赢。不是说谁发挥更好谁能赢，而是谁失误更少谁就能赢。

但是，这种自我控制的能力也不是突然出现的。要增强自我控制力，需要你平时多锻炼。锻炼的方法非常多，妈妈今天挑一个最重要的和你说：能跟自己较劲，就不要甩锅给人生。

你那天跟妈妈说，输球了，是因为地板滑。

你在说什么呢？

你的地板滑，对手的地板就不滑了吗？！

输球了，尤其在你的年纪，这是一件好事。因为有很多地方，你可以总结出你的缺失，然后针对性地提升。这就是在锻炼自我控制力。但你却选择甩锅给环境。这不行啊！你今天甩锅给场地，明天甩锅给装备，后天甩锅给观众或裁判，养成了甩锅的习惯，到了关键时刻，你希望甩锅给谁？

当年国家队训练的时候，教练会安排一种抗干扰训练，什么意思呢？教练会专门用很大很大的噪声来训练我们。为什么要这样训练？因为有的时候我们去国外比赛，他们拉拉队的声音那多吵啊！其他什么都听不见，就连触球的声音都听不见，所以我们才要在平常进行这种抗噪声的训练。外头再怎么吵，你都要专注，专注在每一个球上。

还有一种训练就是误判。

有的时候，我们会遭遇裁判的误判，那我们怎么平衡自己的心态呢？其实你就这样想："你就放他几分，让给他呗！"这事不就过了吗？你又重新专注在打好每一分球上。想要成为伟大的运动员，你就得通过这样的训练。因为，专注于自己，才能成为一个伟大的运动员。

当然，比起甩锅给人生，和自己较真是非常辛苦的。

妈妈9岁的时候，在河南省队打赢了所有同龄的小姑娘。但是教练还是把你姥爷叫到队里，要他把妈妈领回家。因为教练觉得妈妈太矮，没有培养价值。这时候，我要甩锅给上天，那太容易了！

我如果对自己说"我已经足够努力，也打出很好的成绩了，是上天没给我好身材"，听起来也很合理，是吧？

但我不服！凭什么我不能继续打球？我就是要证明我能行！可怎么办才好呢？教练就是不要我啊？

那就只能跟自己较劲、较真！找到我自己独特的优势，那就是把球打得更狠、跑得比对方更快，让对方摸不着球。

这个过程真是苦啊！

原本妈妈就已经很努力，是队里最刻苦的队员，成绩也很不错了。但从“很不错”到“顶尖”，代表我要付出超人的代价和超人的努力。妈妈当时真是鸡蛋里挑骨头，想尽办法找出自己的不足，卯足劲和自己较劲。在一个废弃的澡堂里，穿着沙包衣，用着铁拍子，除了睡觉就是训练，没日没夜。

妈妈 13 岁时，就在成人组拿到全国冠军，大家也知道妈妈的名言：“因为我矮，所以每一球看起来是高的，对于我来讲，都是杀球的机会。”

这句话只是一种判断。要让这句话成真，关键是和自己较真的苦功夫，情愿痛，也不要甩锅给人生。

这样说起来，妈妈是不是有点太严厉了？情愿你吃苦，也要跟你说这些。实在没办法，比起要你别吃苦，妈妈更希望在关键时刻你能赢，让妈妈和你一起欢呼！

不过，看你输球，我也会心疼的。我会陪你一起总结，我们下次再来！

爱你的妈妈